C. Hamann / J. Heim / H. Burghardt

# Organische Leiter, Halbleiter und Photoleiter

# REIHE WISSENSCHAFT

Die REIHE WISSENSCHAFT ist die wissenschaftliche Handbibliothek des Naturwissenschaftlers und Ingenieurs und des Studenten der mathematischen, naturwissenschaftlichen und technischen Fächer. Sie informiert in zusammenfassenden Darstellungen über den aktuellen Forschungsstand in den exakten Wissenschaften und erschließt dem Spezialisten den Zugang zu den Nachbardisziplinen.

Claus Hamann
Joachim Heim
Hubert Burghardt

---

# Organische Leiter, Halbleiter und Photoleiter

---

Mit 68 Abbildungen und 18 Tabellen

Friedr. Vieweg & Sohn
Braunschweig/Wiesbaden

Verfasser:

*Prof. Dr. sc. Claus Hamann*
*Dr. Joachim Heim*
*Dr. Hubert Burghardt*

Technische Hochschule Karl-Marx-Stadt
Sektion Physik

CIP-Kurztitelaufnahme der Deutschen Bibliothek

**Hamann, Claus:**
Organische Leiter, Halbleiter und Photoleiter /
Claus Hamann; Joachim Heim; Hubert Burghardt.
— Braunschweig, Wiesbaden: Vieweg, 1981.
(Reihe Wissenschaft)
ISBN 978-3-528-06861-5 ISBN 978-3-322-86025-5 (eBook)
DOI 10.1007/978-3-322-86025-5
NE: Heim, Joachim:; Burghardt, Hubert:

1981



Softcover reprint of the hardcover 1st edition 1981
Lizenzausgabe für
Friedr. Vieweg & Sohn Verlagsgesellschaft mbH, Braunschweig,
mit Genehmigung des Akademie-Verlages, DDR-Berlin
Herstellung: VEB Druckhaus „Maxim Gorki", 74 Altenburg

ISBN 978-3-528-06861-5

## Vorwort

Organische Stoffe bilden in Form der Hochpolymere mit einer Jahresproduktion von 40 Mio. t einen wesentlichen Teil der Werkstoffe der modernen Technik. Etwa ein Drittel dieser Menge, das heißt rund 13 Mio. t, werden als Isolierstoffe jährlich von der Elektrotechnik und Elektronik verarbeitet. Demgegenüber tritt die Anwendung elektronisch leitender organischer Substanzen umfangmäßig noch weit zurück, wenn sie auch in der Elektrophotographie nach Selen bereits an zweiter Stelle stehen. Berücksichtigt man, daß organische Halbleiter und Leiter 1960 noch als Kuriosität galten, ist der rasche Wandel ihrer technischen Bedeutung jedoch offensichtlich.

Seit 1960 hat sich der Forschungsschwerpunkt zunächst auf halbleitende und photoleitende organische Stoffe und später mit außerordentlicher Intensität auf die hochleitfähigen organischen Stoffe verlagert. Diese Entwicklung wird von praktischen Zielen getragen, die in Bezeichnungen wie „organische Metalle", „organische Legierungen" und „organische Supraleiter" offen ausgesprochen werden.

Ohne Zweifel nimmt die Suche nach organischen Supraleitern nicht nur wissenschaftsjournalistisch, sondern inzwischen ebenso der technischen Problemstellung nach die Spitzenposition ein. Es geht dabei auch um die Klärung der experimentellen Realisierbarkeit der Exzitonen-Supraleitung, die mit den eindimensionalen Strukturen in engem Zusammenhang steht und von der Sprungtemperaturen bis zu Zimmertemperatur erhofft werden. Ein weiteres technisch sehr bedeutsames Ziel sind metallisch leitende Stoffe aus nichtmetallischen Elementen, aber auch organische Stoffe mit geringerer Leitfähigkeit für spezielle optoelektronische Displays und für Antistatikwerkstoffe. Organische Photoleiter und Sensibilisatoren bilden in der Elektrophotographie und Photolacktechnologie nicht nur eine optimale Lösung, sondern erlangen möglicherweise grundlegende Bedeutung für die Nutzung der Sonnenenergie. Sowohl die vorhandenen als auch die erwarteten technischen und biologisch-medizinischen Anwendungen organischer elektronenleitender Substanzen, die festkörperphysikalischen und chemischen Grundlagen und Voraussetzungen dafür sowie die erkennbaren Querbeziehungen und Verflechtungen zwischen ihnen sind in kurzgefaßter, überblickartiger Darstellung Inhalt dieses Buches.

Karl-Marx-Stadt, September 1978

C. Hamann J. Heim H. Burghard

## Inhaltsverzeichnis

# 1. Historische Entwicklung

Die eingehendere festkörperphysikalische Untersuchung elektronischer Transportprozesse von organischen Festkörpern begann, von vereinzelten historischen Vorläufern abgesehen, erst etwa 1948. Mit relativ bescheidenen Ansprüchen an die Qualität der Substanzen und die Zuverlässigkeit der Meßwerte wurde zunächst die erdrückende Fülle der in Frage kommenden Stoffe mehr oder weniger aufs Geratewohl hin gesichtet. Herausragend und richtungweisend in dieser Anfangszeit waren A. T. Vartanjan, D. D. Eley und A. Szent-Györgyi. In der Folgezeit fand eine Konzentration auf ausgewählte Substanzklassen, die eingehende Untersuchung von Einzelsubstanzen mit Modellcharakter und allgemein eine Steigerung des wissenschaftlichen Niveaus statt.

Für die organischen Photoleiter konnte als erste Gruppe in monographischer Form eine physikalisch gesicherte Erklärung des Verhaltens vorgelegt werden. Bei den organischen Halbleitern wurde bezüglich Reinheit und Definiertheit der Proben, der Variationsbreite der Struktur und Einflußgrößen und der festkörperphysikalischen Modellierung ein Niveau erreicht, das z. B. bei Anthrazen und den Phthalozyaninen einem Vergleich mit in der Physik anorganischer Halbleiter üblichen Maßstäben standhält. Die bereits lange bekannte Verbindungsklasse der organischen Ladungsübertragungskomplexe (Charge-transfer-Komplexe) wurde für die Festkörperphysik umfassend erschlossen. Vor allem die Untersuchung der TCNQ-Komplexe (TCNQ = Tetrazyanchinodimethan), die 1963 erstmals ausführlicher in der Literatur vorgestellt wurden, entwickelte sich außerordentlich rasch und breit. In dieser Substanzklasse fand man mit dem Chinolinium-TCNQ auch den ersten organischen Leiter oder das erste organische „Metall", d. h. eine Substanz mit relativ hoher elektrischer Leitfähigkeit, die wie bei den Metallen mit fallender Temperatur zunimmt. Etwa zehn Jahre lang stieg die Zahl derartiger Substanzen stetig an, ohne daß die bereits am Chinolinium-TCNQ gefundene maximale Leitfähigkeit von $10^2\ \Omega^{-1}\ \mathrm{cm}^{-1}$ überschritten wurde. Auch in Richtung auf eine erstmals von LITTLE 1964 für möglich gehaltene Hochtemperatursupraleitfähigkeit bei organischen Substanzen gab es praktisch keine experimentellen Anhaltspunkte.

Eine sprunghafte Aktivitätszunahme ereignete sich nach der 1973 erfolgten Entdeckung des TTF-TCNQ (TTF = Tetrathiafulvalinium), das in der Gegend von 58 K einen zunächst unverständlichen Leitfähigkeitspeak zeigte. Diesen Peak interpretierte man u. a. auch als Paraleitfähigkeit, d. h. beginnenden Übergang zur Supraleitfähigkeit. Sowohl das Phänomen dieser Leitfähigkeitsanomalie als auch die kurze Zeit später am Polythiazyl $(SN)_x$ tatsächlich beobachtete Supraleitfähigkeit beflügelten die Intensität der Bearbeitung dieses Gebietes in einem Ausmaß, für das es nur wenige vergleichbare Beispiele gibt. Beim $(SN)_x$ handelt es sich zwar um einen auf der Grenzlinie organisch—anorganisch stehenden Stoff, aber doch zugleich um ein Polymer mit einer auch für die organischen Leiter charakteristischen Kettenstruktur, die LITTLE als notwendig für organische Supraleiter erkannte. Von der präparativen organischen Chemie über Kristallzüchtung, Strukturaufklärung, festkörperphysikalische Meßtechnik bis zur modellmäßigen Untersuchung durch international führende Festkörpertheoretiker, von kleinen Gruppen mit reiner Grundlagenforschungskonzeption bis zu leistungsstärksten und ausgesprochen anwendungsorientierten Teams internationaler Konzerne finden sich heute Aktivitäten, die an Breite der interdisziplinären Zusammenarbeit, an umfassender Anwendung modernster experimenteller und theoretischer Methoden und am Anspruchsniveau der Problemstellung höchsten internationalen Maßstäben genügen.

# 2. Technisch-wissenschaftliche Bedeutung organischer Elektronenleiter

## *2.1. Die Beziehungsvielfalt als Begründung der Bedeutung*

Die Untersuchung elektronenleitender organischer Festkörper wurde in den letzten Jahren erneut nach Breite und Tempo stark intensiviert und gehört zu den dynamischsten Gebieten der modernen Festkörperphysik. Die Ursachen dafür liegen trotz der breiten Anwendung organischer Photoleiter in der Elektrophotographie nur zum kleinen Teil bei den bisher erreichten technisch-ökonomischen Erfolgen. Unzutreffend ist natürlich auch die früher öfter einmal vorgenommene Einordnung als einer wissenschaftlichen Modeströmung oder als eines Ausdrucks individuellen oder kollektiven Hangs zum Exotischen. Man wird vielmehr den zu beobachtenden faszinierenden Fortschritten und der oft hektischen Aktivität der Bearbeitung wohl nur dann gerecht, wenn vier einzelne Komplexe von Gründen und Erwartungen beachtet werden, die das aufgewandte Ausmaß an materiellen, personellen und geistigen Investitionen zusammen erst verständlich machen. Der erste dieser Komplexe ist die Überzeugung, daß einer Reihe von in näherer oder fernerer Zukunft zu lösenden Problemen mit Aussicht auf Erfolg möglicherweise durch organische Halbleiter, Photoleiter, Leiter und Supraleiter entsprochen werden kann. Der zweite Komplex besteht in einer Anzahl inzwischen klar erkennbarer, weitreichender festkörperphysikalischer Zusammenhänge allgemeiner Art, in denen sich die tiefliegenden Gemeinsamkeiten zwischen anorganischen und organischen elektronenleitenden Festkörpern zeigen und die jetzt zu einem Stand geführt haben, in dem die Untersuchungen an organischen elektronenleitenden Strukturen weniger Anregungen erhalten als vielmehr selber eine starke Stimulation der Weiterentwicklung der Festkörperphysik als Ganzes darstellen. Ein dritter Komplex betrifft scheinbar weithergeholte oder nur in losem Zusammenhang mit Fragen der technischen Anwendung oder der Festkörpertheorie stehende Problemkreise der Physikochemie, die als Einzelgebiete bisher eine weitgehend eigenständige Bearbeitung erfahren haben, bei denen sich jedoch jetzt weiterführende tiefliegende Verknüpfungen zu physikalisch-technischen Prozessen ergeben. Schließlich existiert ein vierter Gesichtspunkt in Gestalt eines Hintergrundes allgemeiner technischer und wissenschaftlicher Konzepte wie auch Überlegungen heuristischen Charakters, für die das hier zu betrachtende Gebiet Zuarbeit und Basismaterial liefert. Andererseits wird durch diesen Hintergrund die Auswahl konkreter Zielstellungen mitbeeinflußt.

Diese vier Themenkomplexe stehen natürlich in innerem Zusammenhang und gegenseitiger Wechselwirkung. Selbst für den Fall, daß konkrete Einzelziele sich nicht sofort, nicht in der erwarteten Richtung oder überhaupt nicht erreichen lassen, bleibt die Bedeutung des Forschungsgebietes durch sie insgesamt erhalten, und in ihrer Gesamtheit stellen sie seine eigentliche Rechtfertigung dar. Sie beleuchten als Ganzes die gegenwärtigen und künftigen Möglichkeiten, die in organischen Elektronenleitern enthalten sind. Diese werden in den folgenden Abschnitten noch näher betrachtet.

## 2.2. *Technische Anwendungsmöglichkeiten organischer Elektronenleiter*

Ein beträchtlicher Teil der frühen Forschungsaktivitäten auf dem Gebiet der elektronenleitenden organischen Festkörper war erklärtermaßen darauf gerichtet, in kürzester Zeit und mit minimalem „theoretischen Ballast“ kommerziell verwertbare Anwendungsmöglichkeiten zu finden. Unkritische, zuweilen geradezu reißerisch abgefaßte „Berichte“ von Forschungszielen und Ergebnissen, besonders zu Beginn der sechziger Jahre, weckten Erwartungen, für die die wissenschaftliche Basis zur Beurteilung der Realisierbarkeit noch nicht vorhanden war. Die zwangsläufig folgende Ernüchterung führte dazu, daß eine Zeitlang der Begriff „Organische Halbleiter“ in bedenkliche Nähe des Nichtseriösen zu geraten drohte. Neben unsachlichem Journalismus lag die Ursache zum Teil auch in kurzschlüssiger und unkritischer Anwendung von am Germanium und Silizium gewonnenen Maßstäben und Vorstellungen auf die organischen Festkörper. Die Höhe der Erwartungen wurde außerdem auch von der Bedeutung und dem Umfang bestimmt, die organische Isolierstoffe in der Technik haben.

Diese Situation ist durch vertiefte Betrachtung heute im wesentlichen überwunden und inzwischen kein Hinderungsgrund mehr, elektronenleitfähige organische Substanzen als Alternativmaterialien für die Lösung aktueller technischer Problemstellungen zu diskutieren und so ihre Eignung und ihre Grenzen fortlaufend besser zu überschauen. In diesem Sinne läßt sich eine Reihe technischer Bauelementestrukturen, Funktionen und Prozesse angeben, für die die Anwendung organischer Elektronenleiter in Betracht gezogen wurde und wird.

In Thermistoren als einfachster Anwendungsmöglichkeit eines halbleitenden Festkörpers überstreichen die organischen Substanzen alle elektrisch erforderlichen Wertebereiche. Schwächen gegenüber anorganischen Materialien bestehen bei der wenig entwickelten Fertigungs- und Kontaktierungstechnologie und bei der geringeren mechanischen Festigkeit.

Anordnungen mit Gleichrichterkennlinie und mit mindestens einer organischen Substanz als funktionsbestimmendem Bestandteil (Abb. 2–1) [2.1] sind in größerem Umfang bekannt. Sie beruhen auf Heteroübergängen und sind bei der Gleichrichtung technischen Wechselstroms mit anorganischen Substanzen vergleichbar. Auch Anordnungen wie NaJ,J/Anthrazen/NaJ, deren Funktionsweise wesentlich durch die Ladungsträgerinjektion bestimmt ist, zeigen ausgeprägtes Gleichrichterverhalten, das zudem durch einseitige Beleuchtung stark beeinflußt werden kann [2.2].

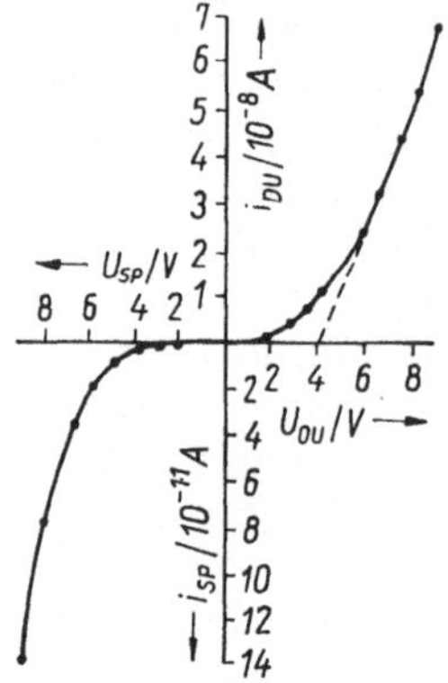


Abb. 2–1. Kennlinie einer Gleichrichteranordnung mit Phthalozyanin

Dioden und Transistoren mit *pn*-Übergängen zwischen verschieden dotierten Gebieten des gleichen Einkristalls sind mit organischen Substanzen bisher nicht in technisch brauchbarer Form realisiert worden. Die inzwischen bei anorganischen Halbleitern vorliegenden umfangreichen physikalischen, chemischen und technologischen Erkenntnisse und Erfahrungen begründen, daß der organische Transistor kein direktes Forschungsziel mehr ist.

Galvanomagnetische Bauelemente (Hall-Generatoren, Feldplatten, Nernst-Ettingshausen-Kühler) sind wegen der geringen Größe der entsprechenden Koeffizienten ebenfalls bisher nicht bekannt geworden.

Zur Anwendung als thermoelektrische Werkstoffe wurden organische Substanzen ausreichend hoher elektrischer Leitfähigkeit und Thermospannung wegen der begrenzten Temperaturbeständigkeit vorwiegend auf ihre Eignung zur PELTIER-Kühlung untersucht. Die dafür erforderliche Größe der thermoelektrischen Güte $Z$ lag bei organischen Substanzen 1965 etwa bei $10^{-8}\,K^{-1}$ (dotiertes $Bi_2Te_3$: $Z = 3 \cdot 10^{-3}\,K^{-1}$). Inzwischen sind jedoch die Werte z. B. bei Polyphthalozyanin [2.3] oder einigen TCNQ-Komplexen nur noch rund eine Größenordnung von denen anorganischer PELTIER-Werkstoffe entfernt.

Hochfrequente Stromoszillationen ähnlich dem GUNN-Effekt sowie Bereiche der $I$-$U$-Kennlinie mit negativem differentiellem Widerstand sind bei einer ganzen Anzahl von niedermolekularen (z. B. Anthrazen, $\beta$-Karotin, Cholesterin) und hochmolekularen Substanzen (z. B. Polyäthylen, auch jodhaltig; Polystyrol) festgestellt worden [2.4, 2.5]. Einzelheiten des Mechanismus sind jedoch noch wenig bearbeitet.

Schalteffekte in organischen Dünnschichtanordnungen sind mit Substanzen der unterschiedlichsten Zusammensetzung bekannt, sowohl in polykristallinen Schichten z. B. aus Tetrazen [2.6] als auch in ausgesprochen amorphen Materialien wie z. B. Glimmpolymeren [2.7]. Die von glasartigen Halbleitern (Ovionics) her bekannten Probleme der begrenzten Schalthäufigkeit treten auch hier auf. Eine eigene Stellung nimmt jedoch möglicherweise der Schaltvorgang im Bleiphthalozyanin ein, das ausgeprägte eindimensionale Eigenschaften besitzt (s. 9.2.).

Photowiderstände auf der Grundlage organischer Verbindungen wurden in Labormustern mit spektraler Empfindlichkeit vom Vakuumultraviolett bis zum Infrarot hergestellt. Obwohl in zahlreichen Einzelparametern vergleichbare oder sogar bessere Werte als bei anorganischen Materialien erreichbar sind, ist die Gesamtheit der elektrischen, technologischen und Langzeiteigenschaften noch nicht soweit optimiert, daß die Marktfähigkeit erreicht wäre. Größere Fortschritte wurden bei speziellen Merozyaninfarbstoffen erzielt [2.8]. Im

Vakuumultraviolett empfindliche Naphthalinphotodetektoren sind auch bei gleichzeitig vorhandenem starken Untergrund an Strahlung im Sichtbaren und im nahen Ultraviolett verwendbar und haben deshalb für die Raumfahrt Bedeutung [2.9].

Ansätze für die Anwendung organischer Photoleiter in Röntgen- und Kernstrahlungsdetektoren gibt es durch entsprechende Untersuchungen orientierenden Charakters an aromatischen Kohlenwasserstoffen und bei Polymeren. Ein bei Jodzusatz auftretender Verstärkungseffekt führt zu Arbeitsweisen ähnlich dem Proportionalzähler.

Am weitesten fortgeschritten bezüglich der technischen Anwendung sind organische Photoleiter in Form von Dünnschichten für die Elektrophotographie (Abb. 2-2).

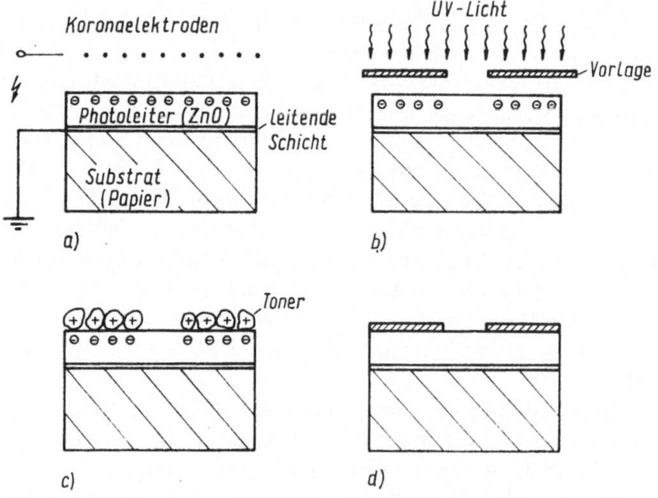


Abb. 2-2. Elektrophotographie (Zinkoxidverfahren)

a) Elektrostatisches Aufladen der Photoleiterschicht durch Koronaentladung,

b) Aufbau des Ladungsmusters durch lokalen Ladungsausgleich an den belichteten Stellen,

c) Aufbringen entgegengesetzt geladener Farbstoffpartikel („Toner") auf das Ladungsmuster,

d) Fixieren durch Aufschmelzen des Toners

Hier stehen sie nach Selen an zweiter Stelle im Weltmaßstab und sind vor allem auf der Basis von Polyvinylkarbazol und seinen Derivaten in weiterem Vordringen begriffen.

Abgesehen von den generellen Forderungen der Industrie nach neuen, besseren Photoleitern, für die organische Substanzen mit zu den aussichtsreichsten Materialien gehören, sind sie auch vorrangig in der Diskussion für die Reprographie farbiger Vorlagen. Weitere Anwendungserprobungen wurden vorgenommen als Targetschicht in Fernsehaufnahmeröhren (Vidicons) und als Bestandteil von Flüssigkristalldisplays und Bildspeichersystemen. Dafür untersuchte Substanzen sind u. a. Phthalozyanin- und Rhodaminfarbstoffe sowie sensibilisierte Hochpolymere, vor allem wieder Polyvinylkarbazol und seine Derivate [2.12].

Für elektrophotographische Verfahren stellt auch die bei organischen Stoffen offenbar viel weiter verbreitete oder einfacher als bei anorganischen Verbindungen zu erreichende Langzeitphotoleitfähigkeit (frozen-up photoconductivity) eine aussichtsreiche Variante dar (Abb. 2–3).

Sperrschichtphotoelemente für die Umwandlung elektro-

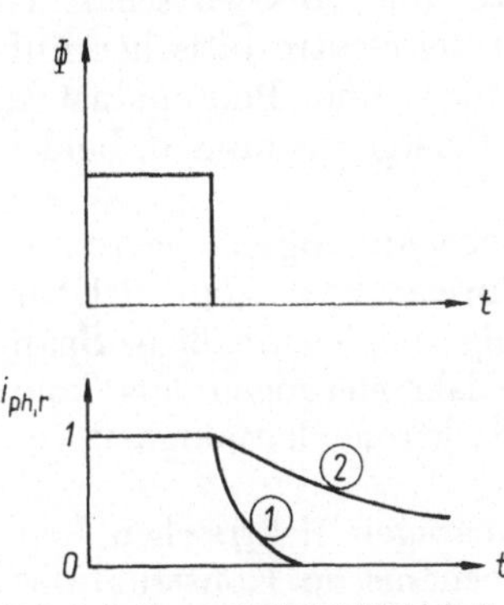


Abb. 2–3. Langzeitphotoleitfähigkeit
$\Phi$ Lichteinstrahlung; $i_{ph,r}$ normierter Photostrom; Kurve 1: klassischer Photoleiter (Abklingzeitkonstante ns ··· s); Kurve 2: Langzeitphotoleiter (Abklingzeitkonstante min ··· d)

magnetischer Strahlung in elektrische Energie für Meßzwecke und zur Direktkonversion von Sonnenstrahlung in Elektroenergie mit organischen Substanzen können noch nicht mit den hochoptimierten anorganischen Sperrschichtphotoelementen konkurrieren. Relativ gute Ergebnisse wurden mit dotiertem Polyazetylen, Phthalozyaninen und verschiedenen Zyanfarbstoffen erreicht.

Trotz seines geringen Wirkungsgrades ist der z. B. an $\beta$-Karotin [2.13] gefundene Vorzeichenwechsel der Photospannung in Abhängigkeit von der Wellenlänge des einfallenden Lichtes bemerkenswert als Grundlage eines Photodetektors, der auf die spektrale Verteilung der einfallenden Strahlung anspricht.

Für eine Reihe weiterer photoelektrischer Festkörpereffekte organischer Substanzen wurde die technische Verwendungsfähigkeit bisher noch nicht geklärt. Dazu gehören das Photoelektretverhalten (Photopolarisation), die Elektrolumineszenz und die bisher bei organischen Verbindungen hauptsächlich zur Untersuchung der Energiebandstruktur eingesetzte Photoelektronenemission (äußerer Photoeffekt).

Für organische Elektronenleiter mit etwa $10^{-8}$ bis $10^{-6}\ \Omega^{-1}\ \mathrm{cm}^{-1}$ besteht ein breiter und volkswirtschaftlich bedeutender Bedarf zur Ableitung elektrostatischer Aufladungen in der Textil-, Papier- und Photoindustrie, aber auch bei Magnetbändern, Plastgegenständen, Bekleidung und Raumtextilien.

An Turbogeneratoren, Hochspannungserzeugern für Lasergeräte und ähnlichen Einrichtungen können Überschläge und Zerstörungen infolge ungleichmäßiger Spannungsverteilung durch Potentialsteuerungen aus kompakten Werkstoffen geringer Elektronenleitfähigkeit vermieden werden [2.14].

Der gezielte Einbau einer mäßigen elektrischen Leitfähigkeit in hochpolymere mechanische Konstruktionsmaterialien und in Faserausgangsstoffe bei gleichzeitig erhaltener weitgehender optischer Transparenz würde infolge der damit gegebenen inneren Antistatikausrüstung eines der schwerwiegendsten Probleme bei der Verarbeitung und Anwendung der heutigen makromolekularen Werkstoffe lösen. Wege dahin sind prinzipiell bekannt, führten aber bisher nur zu tiefgefärbten bis schwarzen Substanzen begrenzter modisch-ästhetischer Verwendbarkeit und unzureichender technologischer und mechanischer Eigenschaften.

Weitere spezifische Anwendungen ergeben sich bei der Kombination der elektrischen Leitfähigkeit mit anderen speziellen Eigenschaften organischer Festkörper. Organische Leiter wurden diskutiert als Basisschichten begrenzter elektrischer Leitfähigkeit in optoelektronischen Anzeigeeinheiten und für piezoresistive Druckaufnehmer [2.15]. Ein elektrisch leitfähiger, optisch transparenter Thermoplast-Werkstoff wurde aus Silberpolyacrylnitril hergestellt [2.16], und organische Ionenaustauscherpolymere zur Meerwasserentsalzung [2.17] lassen sich bei ausreichender Leitfähigkeit auf elektrischem Wege regenerieren.

Für elektrisch leitfähige Kleber und Kitte zur Fertigung leitender mechanischer Verbindungen besteht großer und dringender Bedarf. Elektrisch leitfähige Klebeverbindungen würden leichter, schwingungsbeständiger, mechanisch spannungsfrei, billiger und vielleicht auch zuverlässiger sein. Zur Zeit ist man auf Kompromißlösungen in Form von ruß- oder metallpulvergefüllten nichtleitenden Polymeren angewiesen.

Trotz der bisher ausstehenden Realisierung ist unbestritten, daß organische Leiterwerkstoffe, die mit Aluminium, Kupfer oder Silber vergleichbare oder sogar noch bessere Leitfähigkeit aufweisen („organische Metalle", „leichte Leiter"), durch die Gewichtsreduzierung und Metalleinsparung einen bedeutenden technischen Fortschritt darstellen würden [2.18].

Metallisch leitende organische Verbindungen sind nicht zuletzt auch erforderlich als normalleitende Ausgangsphasen für organische Supraleiter. Da der supraleitende Zustand in den heute bekannten Werkstoffen nur bei Temperaturen von maximal 25 K auftritt, ist eine Kühlung mit flüssigem Helium erforderlich, die einen beträchtlichen Kosten-, Platz- und Bedienungsaufwand mit sich bringt. Entscheidend ist deshalb das Auffinden von Werkstoffen mit hoher Sprungtemperatur $T_k$ und möglichst auch hoher kritischer Feldstärke. Bereits die Möglichkeit, den supraleitenden Zustand bei flüssigem Stickstoff (77 K) zu erreichen, würde einen enormen technischen Fortschritt bedeuten.

Für die Gruppe der zur Zeit ausschließlich verwendeten BCS-Supraleiter (Elektron-Phonon-Mechanismus) wurde mehrfach abgeschätzt, daß maximal ein $T_k$ von 30 bis 40 K erreichbar sein dürfte. Von LITTLE wurde jedoch 1964 die Hypothese aufgestellt, daß auf der Grundlage des Exzitonenmechanismus Supraleiterwerkstoffe mit Sprungtemperaturen bis zu Zimmertemperatur, ja sogar bis zu 2000 K möglich sein könnten. Versuche zur Herstellung organischer Hochtemperatursupraleiter als einem der Wege zu Supraleitermaterialien mit Sprungtemperaturen oberhalb von wenigstens 25 K sind deshalb das gegenwärtig am intensivsten bearbeitete Gebiet der organischen Festkörperphysik und -chemie (s. Kap. 10).

## 2.3. *Organische Elektronenleiter als Bestandteil der aktuellen festkörperphysikalischen Forschung*

Ist schon der elektrisch isolierende organische Festkörper nicht einfach mit einem VAN-DER-WAALS-Kristall gleichzusetzen, so treten im Fall der organischen Elektronenleiter fast immer Besonderheiten von Struktur und Eigenschaften durch die Bindungsverhältnisse im Gitter auf. Sie sind nicht nur durch das gleichzeitige Vorliegen mehrerer Bindungsarten nebeneinander gekennzeichnet, sondern oft auch durch ihre starke, z. T. extreme Richtungsabhängigkeit. Dadurch ergeben sich echte und auch quasiniederdimensionale (ein-, zweidimensionale = $1d$-, $2d$-) Gitter und Strukturen. Gemeinsam mit anorganischen Substanzen analogen Bauprinzips stehen sie vor allem als niederdimensionale Metalle und eindimensionale Leiter gegenwärtig im Brennpunkt des Interesses. Die für die Untersuchungen charakteristische enge Verflechtung von Theorie und Experiment sowie das naturgemäß hohe Ausgangsniveau der modernen festkörperphysikalischen und kristallchemischen Untersuchungsmethodik ist dabei eine der Hauptursachen für den schnellen Erkenntniszuwachs des Gebietes. Dieser Sachverhalt soll an drei Problemkreisen der gegenwärtigen Festkörperphysik, in denen organische feste Elektronenleiter eine maßgebende Rolle spielen, näher erläutert werden.

Das Wesen der metallischen Bindung und der für den metallischen Zustand charakteristischen Eigenschaften ist trotz intensiver Forschung und der grundlegenden Bedeutung der Metalle für Technik und Wirtschaft erst in jüngster Zeit soweit dem tieferen Verständnis erschlossen worden, daß man ein normales Metall wie Natrium in großen Zügen erklären kann. Bei den Übergangsmetallen, zu denen z. B. Eisen gehört, sind nur wesentlich zurückhaltendere Aussagen möglich. Die Frage, ob Silber, das Metall mit der höchsten elektrischen Leitfähigkeit, eine objektive obere Grenze darstellt, oder ob Substanzen höherer Leitfähigkeit realisierbar sind, läßt sich zur Zeit noch nicht beantworten. Eine umfassende Theorie des metallischen Zustandes muß jedoch nicht nur die Eigenschaften und das Verhalten der bekannten metallischen Elemente, Legierungen und Verbindungen (z. B. Karbide, Nitride, Hydride) sowie die bei bestimmten Drücken und Temperaturen auftretenden Metall-Halbleiter- bzw. Metall-Isolator-Übergänge erklären, bei denen sich Betrag und Temperaturabhängigkeit der elektrischen Leitfähigkeit oft drastisch ändern. Sie ist auch zuständig für eine Reihe von in jüngster Zeit gefundenen oder vertieft untersuchten Substanzen, die zwar nach Größe und Temperaturverlauf der elektrischen Leitfähigkeit sowie in den optischen Eigenschaften typisch metallisches Verhalten aufweisen, jedoch nicht notwendig metallische Elemente und eine dreidimensional ausgeprägte metallische Bindung im Gitter enthalten müssen. Derartige elektrisch hochleitfähige Stoffe werden im Unterschied zu den „natürlichen" Metallen oft als synthetische Metalle bzw. synthetische Legierungen oder auch wegen ihrer geringen Dichte als „leichte Leiter" bezeichnet. Der Begriff des Metalls bezieht sich bei diesem Wortgebrauch nur auf das elektrische Verhalten; mechanisch sind die meisten synthetischen Metalle spröde Körper von geringer Festigkeit. Bei ausgesprochen starker Richtungsabhängigkeit spricht man auch von eindimensionalen oder linearen und von zweidimensionalen Leitern. Einen Überblick über die Vielfalt der Substanzarten gibt Tabelle 2–1. Deutlich ersichtlich ist einerseits der eigenständige Beitrag der Gruppe der organischen Substanzen. Andererseits finden sich weitgehende Gemeinsamkeiten mit anorganischen Verbindungen, besonders das Vorwiegen der Ein- und Zweidimensionalität, das Auftreten sowohl organischer als auch anorganischer Polymere, das Vorkommen nichtstöchiometrischer Verbindungen und das Problem des Zusammenhanges zwischen Struktur und Eigenschaften im normalleitenden metallischen Zustand mit dem Einsetzen der Supraleitfähigkeit, in der Tabelle angedeutet durch die Angabe der Sprungtemperatur $T_K$.

Die für niederdimensionale Festkörper charakteristische Anisotropie der Eigenschaften ist bei organischen Elektronenleitern von den Halbisolatoren bis zu den organischen Metallen weit verbreitet. Beispiele für den Fall der elektrischen Leitfähigkeit bei Zimmertemperatur sind in Tabelle 2–2 angegeben. Mit der extremen Anisotropie sind ausgeprägte Besonderheiten der physikalischen Eigenschaften niederdimensionaler Substanzen verbunden. Die hier spezifischen Gitterdefekte, z. B. Kettenbrüche (interrupted strands) und Stapelfehler (bei $2d$-Strukturen), führen zu grundlegenden Modifikationen

Tabelle 2–1
Synthetische Metalle und verwandte Substanzen

| Substanz | Verbindungstyp | (falls angebbar:) $\sigma_{300K}$ in $\Omega^{-1}$ cm$^{-1}$ PK | EK; $\sigma_{max}$ | $T_K$ in K | Literatur |
|---|---|---|---|---|---|
| Na in flüssigem Ammoniak | Solvatisierte Elektronen | | — | 183 | [2.40] |
| $Na_xWO_3$ ($x = 0{,}2$) | β-Wolfram-(A15)-Phasen = „kubische Bronzen" | | $10^4$ | 3 | [2.41] |
| $K_2Pt(CN)_4Br_{0,3} \cdot 3\,H_2O$ (= KCP) | Lineare Pt-Ionenketten | | $3 \cdot 10^2$ | — | [2.42] |
| $Hg_{2,83}AsF_6$ | Zwei gekreuzte Systeme von Hg-Ketten | | $6{,}5 \cdot 10^5$ | | [2.43] |
| Ge, Si + $\gtrsim$ 1% Dotand | Entarteter Halbleiter | | $10^4$ | | [2.44] |
| MOS-Inversionsschicht | Kristallisiertes Elektronengas (WIGNER) | — | — | — | [2.45] |
| Laserbestrahltes Ge bei 4 K | Elektron-Loch-Phase hochangeregter Halbleiter | — | — | ~1 | [2.46] |
| $(SN)_x$ | Lineares Polymer | 20…40 | $5 \cdot 10^3$ | 0,33 | [2.47] |
| Metallischer Wasserstoff | Hypothetisch | | | ($\gtrsim$300?) | [2.48] |
| $C_{8n} \cdot AsF_5$ (n = 1; 2; 3) | Graphit-Interkalationsverbindung ($\sigma \cong \sigma_{Ag}$) | | $6{,}3 \cdot 10^5$ | | [2.49] |
| $2H\text{-}TaS_2 \cdot Py_{0,5}$ (Py = Pyridin) | Übergangsmetall-Chalkogenid-Interkalationsverbindung | | $3{,}3 \cdot 10^3$ | 3,2…3,7 | zit. [2.50] |
| Bleiphthalozyanin (= PbPc) | Organische Molekülgitter mit Metallionenketten | | | | [2.51] |
| NMP-TCNQ | Organisches eindimensionales Metall | ~1 | | (< 1 K) | [2.52] |
| TTF-TCNQ | Organisches Metall bei $T > 38$ K | 10 | $1{,}8 \cdot 10^3$ | — | [2.53] |
| HMTSF-TNAP | Eindimensionales organisches Komplexsalz | | $3 \cdot 10^3$ | | [2.32] |
| Polyvinylpyridin-Akzeptor | Komplexsalz mit polymerem Donator (Akz.: Jod; TCNQ) | $\approx 10^{-2}$ | — | | [2.54] |
| $(CHJ_{0,05})_x$ (trans; cis) | Jodverbindung des Polyazetylens; lineares Polymer | 38; 380 | — | | [2.55] |

des Verhaltens. Auch der ideale Kristall weist bereits typische Phänomene auf. So entstehen z. B. beim Anlegen lediglich eines äußeren Temperaturgradienten geschlossene ringförmige Ströme, die sich durch das mit ihnen gekoppelte Magnetfeld nachweisen lassen [2.19]. Insgesamt

Tabelle 2-2

Anisotropie der elektrischen Leitfähigkeit ($T = 300$ K)

| Substanz | $\sigma$ | | |
|---|---|---|---|
| | relativ | $\Omega^{-1}$ cm$^{-1}$ | |
| | | $\sigma_{\parallel}$; $\sigma_{max}$ | $\sigma_{\perp}$ |
| Mg | 1 : 1,21 | 29000 | 24000 |
| Bi | 1 : 1,27 | 9800 | 7700 |
| Te | 1 : 4,1 | 670 | 178 |
| KCP | 1 : ($\gtrsim 10^4$) | 300 | $\approx$0,003 |
| $(SN)_x$ | 1 : ($\gtrsim$ 500) | 5000 | 10 |
| Graphit | 1 : ($\gtrsim$ 1000) | 100···25000 | 0,1···5,0 |
| TEA-TCNQ | 1 : 30 : 3000 | 3,0 | 0,03/0,001 |
| Qn-TCNQ | 1 : $10^4$ | 100 | 0,01 |
| TTF-TCNQ | 1 : 6 : 2300 | 1800 | 5,0/0,8 |

steht allerdings die Untersuchung der Einelektronen- und kollektiven (= Plasma-) Phänomene im anisotropen Elektronengas erst am Anfang ihrer Entwicklung. Das gilt ebenfalls für die Wechselwirkung verschiedenartiger Energieströme in niederdimensionalen Substanzen und für die Frage, in welcher Weise die Dimensionalität und die energetische Stabilität eines Gitters, d. h. die Existenzmöglichkeit einer Phase mit speziellen Eigenschaften, miteinander in Zusammenhang stehen und sich gegenseitig bedingen.

Für das eindimensionale Verhalten der physikalischen Eigenschaften gibt es auf atomarer Ebene verschiedene Realisierungsmöglichkeiten. Bei Bleiphthalozyanin (s. 9.2.) liegen engbenachbarte Ketten aus Metallionen vor in Analogie zu den Platinketten des KCP oder den Quecksilberketten im $Hg_{2,86}AsF_5$. Polymere Kettenmoleküle mit längs der Kette beweglichen Ladungsträgern sind im Polyazetylenjod, im $(SN)_x$ und im hypothetischen LITTLE-Supraleiter (s. Abb. 10–1) die strukturelle Basis der Eindimensionalität. In den Ladungsübertragungskomplexen und Ionenradikalsalzen, von denen vor allem die mit TCNQ- oder Jod-Molekülen z. T. hervorragende elektrische Leitfähigkeiten aufweisen, bilden Molekülstapel das elektronische Grundgerüst des Festkörpers. Der enge Zusammenhang atomarer linearer Strukturen mit dem supraleitenden Verhalten wird außer von den angeführten Beispielen auch durch die kettenförmige Anordnung der Zinnatome im $Nb_3Sn$ oder die beobachtete $T_k$-Zunahme bei Quecksilber oder Gallium in Gitterkanälen von etwa 1 nm Durchmesser in Zeolithen oder Asbest unterstrichen [2.20].

Auch die vertiefte Kenntnis des zweidimensionalen Elektronengases ist für das bessere Verständnis einer Anzahl physikalischer Prozesse und technischer Strukturen von grundlegender Bedeutung. Am offenkundigsten ist das für die Beschreibung der elektronischen Verhältnisse in leitfähigen Substanzen mit Schichtgitter wie Graphit, hexagonalem Bornitrid oder den Chalkogeniden der Übergangsmetalle (z. B. $MoS_2$, $TaSe_2$) sowie deren Interkalationsverbindungen (z. B. $TaS_2 \cdot Py_{0,5}$) mit oft erhöhter elektrischer Leitfähigkeit und Sprungtemperatur. Beim zweidimensionalen $C_{8n} \cdot AsF_6$ wurde erstmals mit einem synthetischen Metall die elektrische Leitfähigkeit von Kupfer und Silber erreicht [2.21]. In der Inversionsschicht der MOS-Struktur, der Grundlage des Feldeffekttransistors, läßt sich experimentell relativ einfach die Ladungsträgerkonzentration in weiten Grenzen ändern. Die Beschreibung des Verhaltens der Elektronen in der Inversionsschicht erfolgt ebenfalls mit einem zweidimensionalen Modell. Derartige Untersuchungen dienen nicht nur der besseren Beherrschung und dem tieferen Verständnis der MOS-Struktur, sondern bilden auch den experimentellen Zugang zur WIGNER-Kristallisation des Elektronengases, einem Übergang der Elektronen vom ungeordneten in den geordneten Zustand [2.22]. Zweidimensionale Einlagerungsverbindungen haben nicht nur durch die bei ihnen gegebene Möglichkeit Bedeutung, den Schichtebenenabstand abgestuft zu verändern, sondern auch als eine Realisierungsmöglichkeit für Strukturen mit Fähigkeit zur Supraleitung mittels des Exzitonenmechanismus (s. Kap. 10.). Schließlich wurden flächenhaft ausgebildete Vielschichtstrukturen unter Einbeziehung von Halbleitern von ESAKI als technisch realisierbare periodische Systeme mit wählbarer Energiebandstruktur der Elektronen („synthetische Halbleiter", „electronic engineering") zur Anwendung u. a. in Halbleiterlasern und Bauelementen der Mikrowellentechnik vorgeschlagen [2.23].

Bei elektronenleitenden organischen Festkörpern finden sich charakteristische energetische und elektronische Zustände und Prozesse. Auf Grund kohlenstoffimmanenter Eigenschaften (Homoketten, Makroringe, Einbau von Heteroatomen ohne Konjugationsabbruch) und wegen der Vielfalt der sterischen Möglichkeiten ist bei ihnen eine große Variationsbreite der festkörperphysikalischen Eigenschaften gegeben. Einige Beispiele sollen das verdeutlichen. Zu den Ordnungs-Unordnungs-Übergängen, für die mit der WIGNER-Kristallisation bereits ein Beispiel genannt wurde, gehört auch die bei den organischen Elektronenleitern nicht seltene Erscheinung einer teilweisen Gitterunordnung. Bestimmte TCNQ-Komplexe liegen z. B. bei Zimmertemperatur in einem eindimensional ungeordneten Zustand vor [2.24]. Weit verbreitet sind bei organischen Elektronenleitern auch Ladungsdichtewellen (s. auch 5.10.). Man bezeichnet damit unter Energiegewinn ablaufende geringfügige Verlagerungen zwischen den Ladungsschwerpunkten und den Atom- bzw. Moleküllagen im Gitter, die zu einer räumlich periodischen Ladungsdichteverteilung führen. Die „Wellenlänge" dieser Verteilung kann zur Gitterkonstanten in einem nichtrationalen Verhältnis stehen (inkommensurable Ladungsdichtewelle), sie kann aber auch mit ihr übereinstimmen bzw. ein ganzzahliges

Vielfaches darstellen. Für eindimensionale Strukturen treten typische statische und dynamische Gitterinstabilitäten auf, die mit einem Metall-Isolator-Übergang verbunden sein können. Versuche zur Unterdrückung des PEIERLS-Übergangs [2.25] auf chemischem oder physikalischem Wege bezwecken die Aufrechterhaltung des metallischen Zustandes bis zu so tiefen Temperaturen, daß gegebenenfalls der Übergang Normalleitung – Supraleitung einsetzen kann. Weiche Phononenmoden werden allein oder in Verbindung mit Ladungsdichtewellen als einer der Wege zum Hochtemperatursupraleiter diskutiert und wurden auch am TTF-TCNQ experimentell und theoretisch ausführlich untersucht.

Als Voraussetzung für das Verständnis des metallischen Zustandes werden Metall-Isolator- bzw. Metall-Halbleiter-Übergänge unterschiedlichster Art natürlich auch bei anorganischen Substanzen intensiv bearbeitet (z. B. $VO_x$; $Na_xAr_{1-x}$-Dünnschichten; Quecksilberdampf bei hohen Drücken und Temperaturen; metallische Hochdruckphasen von Halbleitern und Isolatoren einschließlich des Wasserstoffs). Wesentlich für das Verständnis der strukturellen Voraussetzungen organischer hoch- und supraleitfähiger Stoffe ist eine vertiefte Kenntnis über die Verträglichkeit der Existenz spezieller Gitterstrukturen mit der allgemeinen Forderung nach thermodynamischer Stabilität und über die möglichen Hemmungen für die Einstellung des energetisch tiefsten Zustandes. Es gibt Anzeichen dafür, daß der metastabile (d. h. Nichtgleichgewichts-) Zustand des Gitters eine wesentliche Voraussetzung von Hoch- und Supraleitfähigkeit auch bei organischen Substanzen darstellen dürfte. Eigenschaften von Systemen weit ab vom thermodynamischen Gleichgewicht werden verstärkt untersucht und finden in Form schnell abgeschreckter Metalle und Legierungen (splat cooling) bereits technische Anwendung. Schließlich sind durch die in organischen Elektronenleitern feinstufig realisierbaren Energie- und Entropiedifferenzen die möglichen festkörperphysikalischen Wechselwirkungsprozesse sehr geringer Anregungsschwelle nicht nur ein wichtiges Merkmal dieser Stoffklasse, sondern Basis neuartiger Mechanismen mit technischer Perspektive. Die bereits erwähnte FRÖHLICH-LITTLE-Supraleitfähigkeit auf der Grundlage der Exziton-Phonon-Kopplung gehört in diesen Zusammenhang. Möglicherweise liegen hier auch Ansatzpunkte zu neuartigen Detektoren für Energieströme sehr geringer Intensität und zu Bauelementen für den Bereich des Fernen Infrarot und der Submillimeterwellen.

## 2.4. *Beziehungen organischer Elektronenleiter zu chemischen und physiologischen Problemstellungen*

Das Bestreben des Physikers, Festkörper mit wählbarem elektronischem Verhalten „am Reißbrett" aufzubauen, erfordert vom Chemiker die Bereitstellung spezieller Sorten von „Molekülen nach Maß". Gemeinsame experimentelle Schritte in Richtung zu diesem Ziel bilden u. a. die Untersuchungen der physikalischen Eigenschaften homologer Substanzreihen, verbunden mit möglichst eingehender Charakterisierung der Molekül- und Kristallstruktur, und die gründliche kristallchemische Analyse der erhaltenen Daten. Ein anderer möglicher Typ von Untersuchungen betrachtet z. B. gleichzeitig die elektrischen und strukturellen Eigenschaften der beiden anorganischen Halbleiter $FeS_2$ (Pyrit) und $(KFeS_2)_x$ und des Atmungsfermentes Ferredoxin, dessen aktives Zentrum aus $(FeS_2)_8$-Clustern gebildet wird, in weitgehender Gemeinsamkeit der räumlichen Struktur [2.26, 2.27, 2.28]. Metallphthalozyanine wurden wegen ihrer nahen strukturellen Verwandtschaft zum Porphinsystem, dem Grundgerüst wichtiger biologischer Substanzen (Abb. 2–4), außer auf ihre elektrischen Transporteigenschaften auch bezüglich ihrer katalytischen Aktivität untersucht [2.29] und dabei als Modell eines Fermentes, d. h. eines biochemischen Katalysators, benutzt. Da fermentgesteuerte

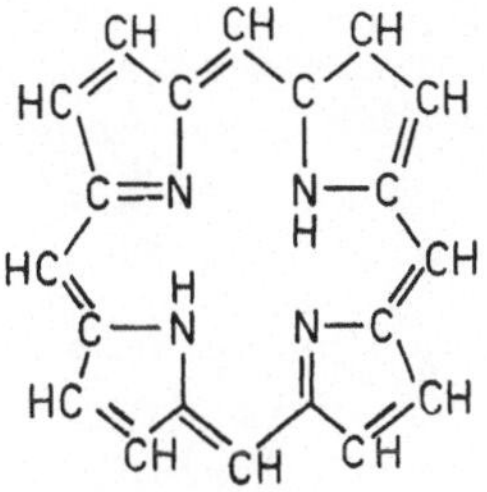

Porphingerüst

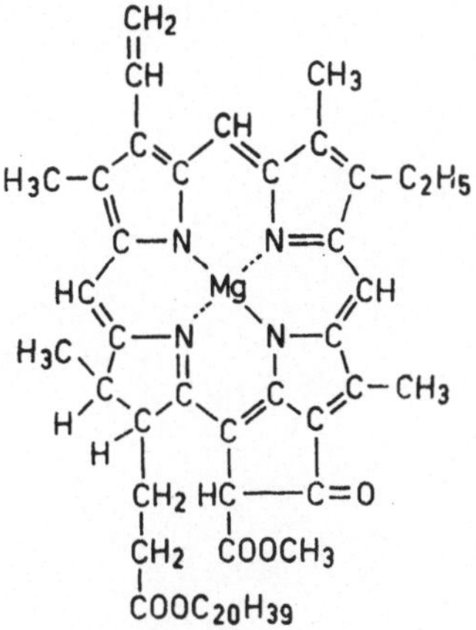

Chlorophyll a

Abb. 2-4. Porphingerüst und verwandte Strukturen (Fortsetzung S. 30 u. 31)

biochemische Reaktionen eine außerordentlich hohe Selektivität besitzen, die Verfahrensauswahl der technischen Chemie aber häufig durch die Verwendungsmöglichkeit der anfallenden Nebenprodukte bestimmt wird, liegt das Bemühen, bioanaloge Prozeßführung realisieren zu können, auf der Hand. In allen derartigen Vorgehensweisen wird versucht, außer zu speziellen festkörperphysikalischen, physikochemischen und molekültheoretischen Erkenntnissen auch zum besseren Ver-

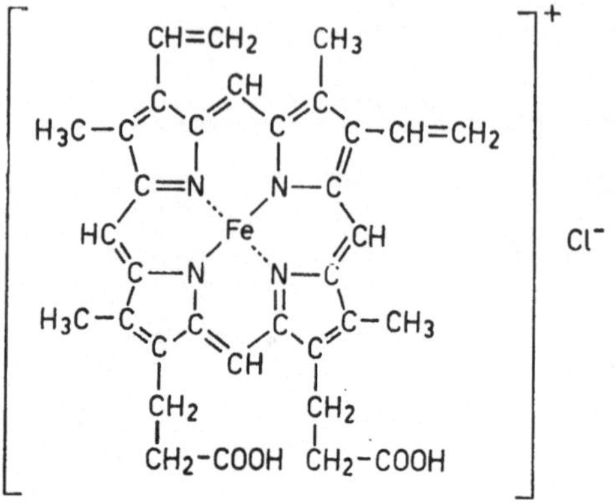

Hämin

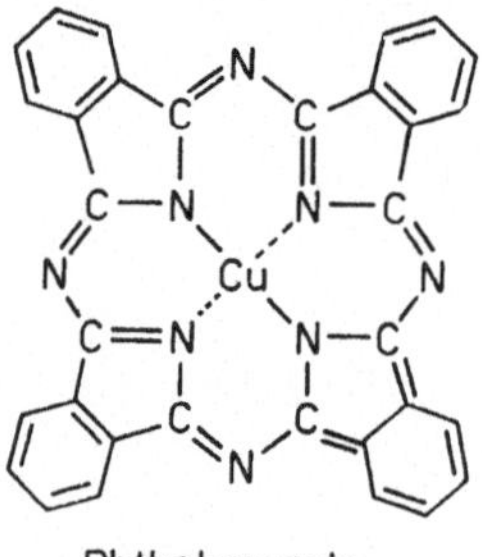

Phthalozyanin

Abb. 2-4. (Fortsetzung)

ständnis biologisch-physiologischer Vorgänge zu gelangen.

Organische Elektronenleiter weisen charakteristische Veränderungen des elektrischen Verhaltens auf, wenn sie an ihrer Oberfläche oder Grenzfläche oder als Bestandteil von Schichtsystemen mit anderen Substanzen in Wechselwirkung stehen. Die Leitfähigkeit organischer Dünnschichtwiderstände z. B. aus $\beta$-Karotin, dem Farbstoff in Möhren und Tomaten, ist durch verschiedene Gase und Dämpfe sehr spezifisch und im Betrag bis um sechs Größenordnungen beeinflußbar [2.30]. Anwendungen

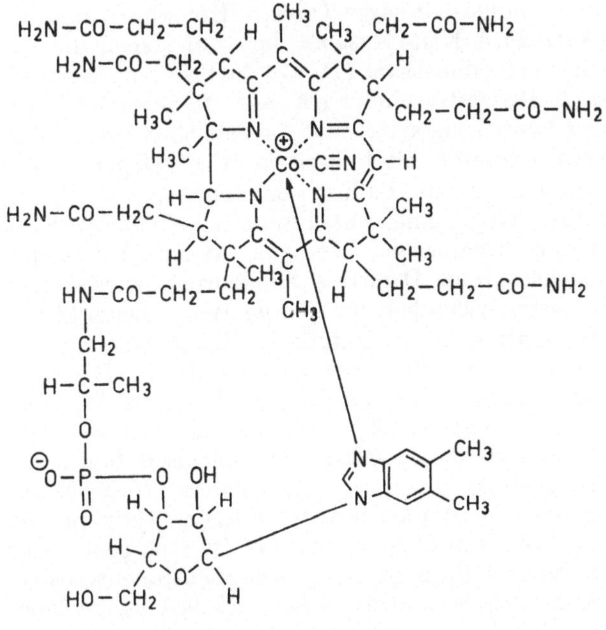

Vitamin $B_{12}$

Abb. 2-4. (Fortsetzung)

ergeben sich für die Messung des Partialdruckes von Sauerstoff in Vakuumanlagen, für elektrische Gasdetektoren und für Olfaktometer. Zunehmend untersucht werden auch organische Elektronenleiter als Bestandteile elektrochemischer technischer Systeme [2.31]. Redoxreaktionen an den Oberflächen fester organischer Metalle und Halbleiter bilden die Basis einer Reihe von Anwendungsmöglichkeiten, von denen organische Elektrodenwerkstoffe sowohl für Brennstoffzellen als auch für spezielle galvanische Elemente, beide auch zur Energieversorgung von Herzschrittmachern, am intensivsten untersucht wurden.

Eine eigenständige Klasse organischer Substanzen mit elektronischer Leitfähigkeit stellen die Ladungsübertragungskomplexe (Charge-Transfer-Komplexe) und die (Radikalionen-) Komplexsalze dar, von denen die des Tetrazyanchinodimethans (TCNQ) die bekanntesten sind. Es sind Molekülverbindungen aus Donatormolekülen geringer Ionisierungsarbeit und Akzeptormolekülen hoher Elektronenaffinität mit teilweisem oder völligem Übergang eines Elektrons. Dadurch entsteht ein zusätzlicher Bindungsbeitrag, eine charakteristische Absorptionsbande im Sichtbaren und meist eine extreme Anisotropie der Eigenschaften. Derartige Substanzen liefern nicht nur die besten bisher bekannten organischen Leiter [2.32], sondern besitzen auch katalytische Eigenschaften (z. B. Ortho-Para-Umwandlung von Wasserstoff) und Sensibilisatoreigenschaften für Polyvinylkarbazol [2.33]. Die Beobachtung, daß sowohl bei Sehfarbstoffen als auch bei Chlorophyll die Moleküle im biologisch funktionsfähigen Zustand nicht isoliert, sondern vereinigt zu Aggregaten oder Agglomeraten vorliegen, weist auf die wichtige Rolle von Clustern und der Bildung geordneter Strukturen auch für photobiologische Elektronentransfer-Prozesse hin. Zugleich wird deutlich, daß die Untersuchung von Einkristallen organischer Elektronenleiter gar nicht so weit von der Klärung auch physiologischer Prozesse entfernt ist, wie es zunächst erscheinen könnte.

Dem Verhalten organischer elektronenleitender Strukturen bei Einwirkung von Licht kommt ebenfalls gemeinsam aus physikalischen, chemischen und biologischen Gründen besondere Bedeutung zu, die sich außerdem auch hier wieder im Zusammenhang mit technischen Problemen erkennen läßt. Die Bildung von Ketten konjugierter Doppelbindungen, d. h. molekularer Strukturen hoher Elektronenbeweglichkeit, ist der gemeinsame Mechanismus des Vergilbens von Textilien und der Verfärbung mancher Hochpolymere (Polyvinylchlorid, Alkydharzlackschichten) bei fortgesetzter Lichteinwirkung. Lichtstabilität wiederum ist korreliert mit Widerstandsfähigkeit des Moleküls gegen energiereiche Strahlung. An der Grenzfläche Elektrolyt—Halbleiter zeigen auch die organischen Elektronenleiter bei Belichtung eine Photospannung (BECQUEREL-Effekt), die auf der Bildung einer Verarmungsrandschicht beruht. Arbeiten zu dieser Thematik sind letztlich energiewirtschaftlich motiviert und zielen in zwei Varianten auf die großtechnische Nutzung der Sonnenenergie ab (s. 2.5.). In tieferliegendem Zusammenhang mit der Photoleitfähigkeit steht die Funktion organischer Substanzen als Sensibilisatoren durch die intramolekulare Elektronenbeweglichkeit und den intermolekularen Elektronenübergang (s. 12.1.) [2.34]. Durch Sensibilisatoren erhalten die photographisch verwendeten Silberhalogenide die bekannte hohe Empfindlichkeit vom Sichtbaren bis hin zum Infrarot und die erforderliche Selektivität für die Farbenphotographie. Polyvinylkarbazol verdankt ihnen seine Brauchbarkeit für die Elektrophotographie ebenso wie die Photoresists zur Herstellung von Leiterplatten und Photoschablonen für integrierte Schaltkreise der Mikroelektronik, integrierten Optik, Akustoelektronik und Kryoelektronik (SQUID) [2.35].

Die physiologische Wirksamkeit organischer Elektronenleiter ist in der Regel nicht auffallend. Ausnahmen bilden der Donator Chloranil als Fungizid, Polyvinylpyridin-Jod-Komplexe als Bakteriostatika sowie 3,4-Benzpyren und Anilin, die für ihre kanzerogenen Eigenschaften bekannt sind. Andererseits bestzen Polymerschichten mit phthalozyanin- und polyimidartigen Struktureinheiten günstige antithrombogenei Eigenschaften, die dazu beitragen können, das Problem der unzureichenden Biokompatibilität von Implantaten zu verringern [2.36].

## *2.5. Die Rolle organischer Elektronenleiter für technische Grundkonzepte*

Außer den aktuell-technischen Anwendungszielen, der Verflechtung in den Bestand der festkörperphysikalischen Phänomenologie und Theorie sowie den vielfältigen Zusammenhängen und Berührungspunkten mit chemischen, physikochemischen und physiologischen Problemen liegen für die organischen Elektronenleiter auch weitreichende Beziehungen zu technischen Grundkonzeptionen der prognostischen Entwicklung von Informationsverarbeitung, Energetik, Stoffwirtschaft und Umwelterhaltung vor. Beispiele dafür sind stoffliche Strukturen mit Abmessungen im Nanometerbereich und die wesentlich ausgedehntere Nutzung der Sonnenenergie.

Die Anwendung von Festkörperstrukturen für die elektronische, optische, akustische und magnetische Informationsverarbeitung entwickelt sich notwendig in Richtung immer kleinerer geometrischer Abmessungen, um dadurch und durch höhere Integration den Forderungen nach größerer Funktionsgeschwindigkeit, Verringerung der Fertigungskosten und Steigerung der Zuverlässigkeit nachzukommen [2.37]. Zugleich besteht von den aus bionischen Untersuchungen bekannten 2 bis 3 Größenordnungen höheren Packungsdichten in biologischen informationsverarbeitenden Strukturen her ein Anreiz, die technische Erreichbarkeit dieses Wertes und die Existenz einer objektiven Grenze der herkömmlichen Vorstellungen zu erkunden (s. Kap. 11.). Durch neue oder vertieft in festkörperphysikalische Untersuchungen einbezogene stoffliche Strukturen ist gleichzeitig eine ganze Palette von Realisierungsmöglichkeiten dafür vorhanden. Beispiele elektronenleitender Nanometerstrukturen sind neben Whiskern, gerichtet erstarrten Eutektika, superfeinen Pulverkörpern, Esaki-Anordnungen und Interkalationsverbindungen auf rein organischer Seite massive und epitaktische Einkristalle aus einfachen Molekülen und Ladungsübertragungskomplexen mit linearen Molekülstapeln, Tunnelstrukturen mit organischen Leitern als Komponenten und elektronenleitende Ketten- und Leiterpolymere (ladder polymers). Der sich in der Mikroelektronik abzeichnende Übergang zur Nanoelektronik mit der Notwendigkeit, u. a. von der eindimensionalen Betrachtung der Bauelemente-Struktur zur räumlichen Behandlung überzugehen, führt zu enger Berührung der Ladungsträgerverteilungsprobleme mit den entsprechenden Verhältnissen in niederdimensionalen organischen Elektronenleitern. Bereits bei üblichen MIS-Transistoren liegt die Dicke der Inversionsschicht mit 1···10 nm in der Größenordnung der Schichtdicke von Monolagen organischer Molekülpackungen oder auch LANGMUIR-Aufbauschichten. Schließlich ergeben sich wegen der typischen Abmessungen von Viren (30 bis 250 nm), Bakterien und Zellen ($\leqq$ 200 nm) relativ enge Analogbeziehungen zwischen der Beeinträchtigung der Zuverlässigkeit elektronischer Nanometerstrukturen durch die Höhenstrahlung und durch aus der gleichen Ursache herrührende Mutationsraten bzw. genetische Schädigungen von Organismen.

Von den Gesichtspunkten der Energietechnik, der Rohstoffsituation und der Umwelterhaltung in der näheren Zukunft her erweist sich die weitgehende Nutzung der Sonnenenergie zunehmend als wünschenswert und technisch realisierbar [2.38]. Im Photosyntheseprozeß der grünen Pflanzen liegt eine erstaunlich hoch optimierte und effektive energetisch-stofflich-ökologische Problemlösung vor, deren Grundprinzip die Spaltung von Wasser in Wasserstoff und Sauerstoff ist. Auf zwei verschiedenen Wegen wird versucht, technisch durchführbare Analogprozesse zur Nutzung der Sonnenenergie in großem Umfang zu realisieren. Spezielle organische Elektronenleiter sind mit beiden Wegen verknüpft. Die eine Variante besteht in der photolytischen Gewinnung von Wasserstoff (und Sauerstoff) aus Wasser mit Hilfe elektronenübertragender Katalysatoren halbleitenden Charakters mittels Sonnenlicht als Basis einer „Wasserstoff-Ökonomie“. Bei der anderen Variante wird darauf hingearbeitet, ein Halbleiter-Elektrolyt-Redoxsystem zu schaffen, mit dem die effektive großtechnische Direktumwandlung von Sonnenstrahlung in Elektroenergie (Gleichstrom) möglich ist (BECQUEREL-Effekt). Organische Elektronenleiter gehören zu den Elektrodenmaterialien, die in die engere Wahl einbezogen werden. Beide Verfahrensweisen stellen Alternativvorschläge zur Energieversorgung mit fossilen Brennstoffen oder durch Kernprozesse dar. Sie zeichnen sich durch einen praktisch unerschöpflichen Vorrat, maximale Umweltfreundlichkeit und den biologisch gegebenen Nachweis der prinzipiellen Durchführbarkeit aus. Eine Anwendung in größerem Umfang wird frühestens in etwa zwanzig Jahren für erforderlich gehalten, dürfte allerdings auch dann erst wirtschaftlich sein [2.39].

# 3. Substanzherstellung und -charakterisierung

## *3.1. Substanzauswahl*

Von den vier Millionen bekannten chemischen Verbindungen sind 96% organische Verbindungen [3.1]. Nähme man aller zwei Sekunden eine Substanz zur Kenntnis, hätte man nach etwa einem Arbeitsjahr diesen Fundus durchmustert. Die strukturellen Voraussetzungen für elektronische Leitung sind allerdings nur bei einem geringen Prozentsatz aller organischen Verbindungen gegeben. Nach einer Anfangsperiode, in der zufällig oder durch einfaches Probieren gefundene organische Elektronenleiter untersucht wurden, konnten bald allgemeinere Kriterien und Strukturmerkmale für Stoffklassen formuliert werden, in denen mit erhöhter Wahrscheinlichkeit elektronische Leitfähigkeit auftritt. Grundlegende Voraussetzungen dafür beim Einzelmolekül sind z. B. das Vorhandensein der nicht streng an ein Atom gebundenen $\pi$-Elektronen in Form der Polyen-, Polymethin- oder aromatischen Ringstruktur [3.2] sowie eine planare Molekülgeometrie. Für Ladungsübertragungskomplexe bzw. Komplexsalze hoher elektrischer Leitfähigkeit wurden die bisherigen Erfahrungen u. a. von Bloch, Cowan und Poehler verallgemeinert und in einer Reihe von Forderungen als Richtschnur für neu zu synthetisierende Substanzen formuliert [3.3]:

- Anordnung der Akzeptor- und Donatormoleküle in separaten Stapeln,
- starke Ladungsübertragung,
- Verwendung planarer Moleküle mit ausgedehntem $\pi$-Elektronensystem und inhomogener Ladungsdichteverteilung als Voraussetzungen der Stapelbarkeit,
- Verwendung relativ kleiner, polarisierbarer Moleküle,
- Verwendung sehr symmetrischer Moleküle zur Verminderung struktureller Eigenstörungen,
- Verwendung nominell divalenter Moleküle.

Solche und andere Regeln sind jedoch nur imstande, gewisse Anhaltspunkte und Richtlinien zu geben. Von „Konstruktionsalgorithmen für elektronenleitende organische Festkörper", die von Grundprinzipien (first principles) ausgehen, und von chemischen „Kochrezepten" mit garantierten Erfolgsaussichten sind sie noch ziemlich weit entfernt. Nach wie vor spielen Empirie (trial and error), heuristisches und intuitives Herangehen („chemisches Fingerspitzengefühl"), aber auch technologische Gesichtspunkte wie brauchbare mechanische Eigenschaften, ausreichende atmosphärische Beständigkeit oder auch einfach die Verfügbarkeit einer Substanz oftmals eine ausschlaggebende Rolle. Eindeutig festzustellen ist jedoch, daß sich in dem Maße, wie bisher quantenchemische und festkörperphysikalische Denkweisen vereinigt werden konnten, eine zunehmend gefestigte Basis für die wissenschaftliche Beherrschbarkeit der Elektronenleitfähigkeit in organischen Festkörpern herausbildet.

## *3.2. Chemische Synthese; Hochreinigung*

Die methodische Grundlage der Herstellung organischer Elektronenleiter ist die allgemeine präparative organische Chemie. Die speziellen Forderungen an die physikalischen Eigenschaften, vor allem an den gewünschten Charakter und Umfang der elektrischen Leitfähigkeit, führen zu einer Reihe von erschwerenden Zusatzforderungen, deren Erfüllung in der Regel nur leistungsfähigen Gruppen mit mehrjähriger Erfahrung im notwendigen Umfang möglich ist.

Die Vorgabe eines speziellen elektronischen Strukturtyps als Vorbedingung eines bestimmten Leitfähigkeitsverhaltens erfordert z. B. die gemeinsame Bearbeitung von im Sinne der chemischen Systematik so heterogenen Substanzen wie der Phthalozyanine, die manchmal sogar Arbeitsgebiet anorganischer Chemiker sind, und der Chlorophylle, die Domäne des Biochemikers sind. Substanzen, die handelsüblich sind, werden nicht selten parallel zu anderen untersucht, deren Synthese und Handhabung höchste Anforderungen an Erfahrung und Geschick stellen. Die für die festkörperphysikalische Modellbildung erforderliche Reinheit und Baufehlerfreiheit erfordern manchmal neue Synthesewege, um sonst auftretende schwer abtrennbare Zwischenprodukte zu umgehen; es müssen dann Substanzen im Labor hergestellt werden, die z. B. als technische Farbstoffe im Tonnenmaßstab käuflich sind, deren Reinigung aber den Aufwand einer Neusynthese übersteigt. Schließlich spielen in die im allgemeinen vom Physiker übernommene Technologie der Meßprobenherstellung in starkem Maße Fragen wie die der atmosphärischen und thermischen Beständigkeit, des Lösungsmitteleinbaus in den Festkörper und eventueller chemischer Reaktionen mit Gefäß-, Apparatur- und Kontaktierungs-Werkstoffen hinein. Die auch dadurch notwendige enge und anspruchsvolle interdisziplinäre Zusammenarbeit bedeutet eine weitere zusätzliche Herausforderung an den organischen Chemiker und unterstreicht, daß seine Rolle keinesfalls einfach die eines Substanzlieferanten des Physikers sein kann, sondern die eines gleichrangigen Partners bei der gemeinsamen Arbeit am gleichen Problem.

Diese Feststellung gilt auch bei dem für die Aussagekraft der physikalischen Messungen und für die Zuver-

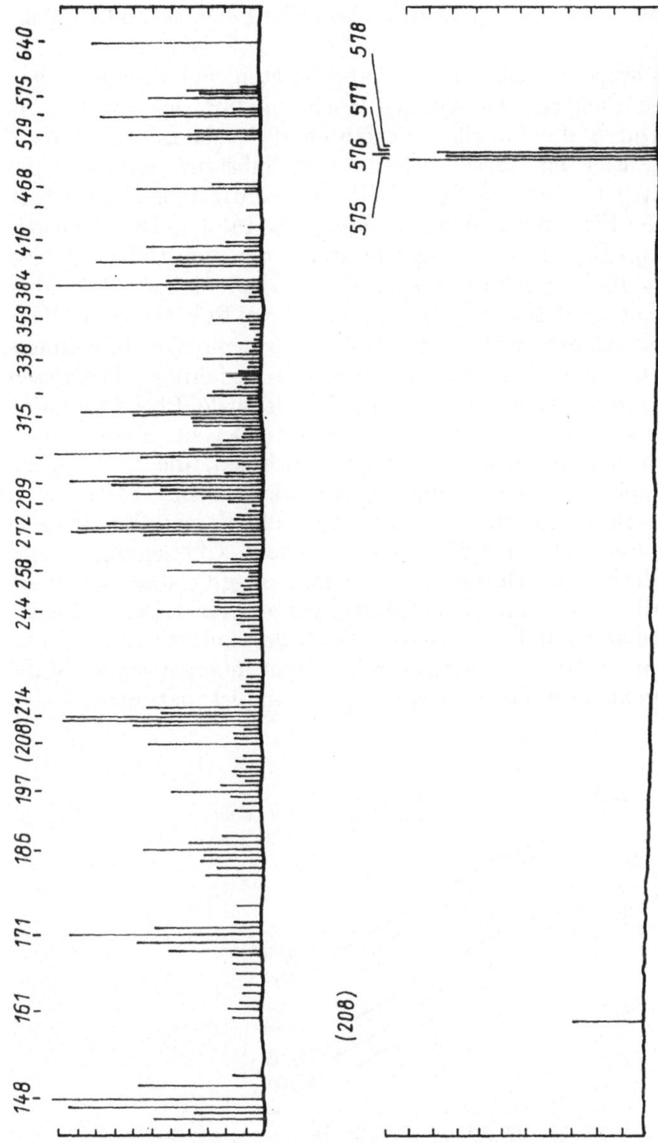


Abb. 3–1. Reinheitskontrolle durch Elektronenanlagerungsmassenspektroskopie an Kupferphthalozyanin

lässigkeit aller daraus abgeleiteten Schlußfolgerungen so wichtigen Gebiet der Hochreinigung der Substanzen. Durch die üblichen Verfahren der chemischen Charakterisierung einer synthetisierten Substanz werden in der Regel Beimengungen mit Konzentrationen unterhalb der Ein-Prozent-Grenze selten aufgefunden. Der Nachweis von Begleitstoffen bis hinunter in das ppm-Gebiet (1 ppm $= 10^{-4}\,\%$) erfordert spezielle Methoden, vor allem aber eine an den Charakter der jeweiligen Substanz oder Substanzklasse angepaßte Auswahl sowohl der Reinigungs- als auch der Reinheitskontroll-Verfahren. Thermisch extrem stabile Verbindungen wie viele Phthalozyanine lassen sich durch Sublimation bei 540 °C im Hochvakuum in hervorragender Reinheit gewinnen, die z. B. durch Elektronenanlagerungsmassenspektroskopie (Abb. 3–1) nachprüfbar ist [3.4], während hochpolymere Elektronenleiter demgegenüber völlig andere Überlegungen und Methoden erfordern. Grundsätzlich gilt, daß der Wert aller vorgenommenen Messungen der elektrischen Eigenschaften mit der Definiertheit der untersuchten Probe im stofflichen, strukturellen und energetischen Sinne steht und fällt. Dieser Forderung ist naturgemäß bei

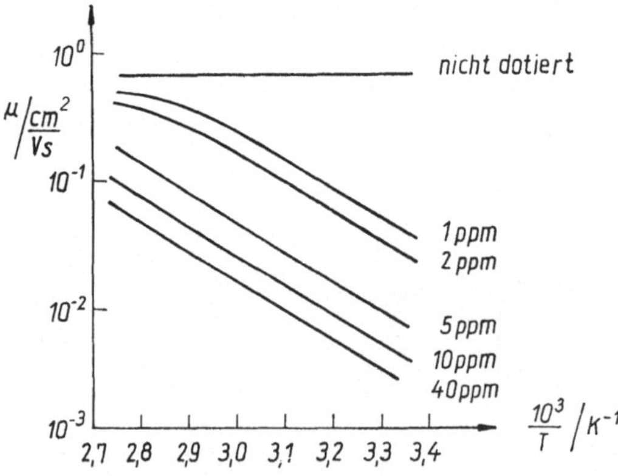


Abb. 3–2. Driftbeweglichkeit in reinem und naphthazen-dotiertem Anthrazen

Hochpolymeren schwieriger nachzukommen, ihr konnte jedoch z. B. am Anthrazen (Abb. 3–2) auf sehr überzeugende Weise entsprochen werden [zit. 3.5].

## *3.3. Chemische Charakterisierung*

Eine vom präparativ-organischen Chemiker synthetisierte Substanz mit Elektronenleitereigenschaften wird zunächst wie jede andere organische Verbindung charakterisiert. Elementaranalyse, Schmelzpunktbestimmung, Infrarotspektrum, Kernresonanz- und Massenspektrum stellen dabei die Grundmethoden dar. Sie werden bei Donator-Akzeptor-Komplexen durch die optischen Spektren im Ultravioletten und Sichtbaren, bei Polymeren z. B. durch die Bestimmung des mittleren Molekulargewichtes und der Molekulargewichtsverteilung ergänzt. Leitende und photoleitende Polymere, die durch Glimmpolymerisation oder thermische Abbaureaktionen dargestellt wurden, sind jedoch in der Regel unlöslich und unschmelzbar. Außer durch die Herstellungstechnologie lassen sie sich vor allem durch Thermogravimetrie und pyrolytische Gaschromatographie näher charakterisieren.

Spezielle Probleme entstehen, wenn der Umfang des mehr oder weniger reversibel und unter Umständen in stöchiometrischem Verhältnis vor sich gehenden Lösungsmitteleinbaus bestimmt werden muß; dann zeigen sich oft bereits hier Herstellungs- und Handhabungsfragen eng verknüpft. Die Präzisionsanalytik zur Stöchiometriebestimmung und die Spurenanalytik zur Feststellung von Beimengungen im ppm- und ppb-Bereich (1 ppb $= 10^{-7}\,\%$) bei Molekülen statt üblicherweise Atomen sowohl als Haupt- als auch als Nebenbestandteil ist auf jeden Fall noch aufwendiger als bei den Elementen und den einfachen binären, ternären usf. Verbindungen. Gelegentlich helfen Lumineszenzuntersuchungen weiter; dieses Verfahren ist naturgemäß auf isolierende Vorprodukte oder Halbisolatoren beschränkt. Der empfindliche und spezifische Nachweis von Spurenbeimengungen der Elemente, besonders der Metalle, ist ohne weiteres möglich und genügt hohen Anforderungen. Allerdings bestimmen die auf diesem Wege erfaßbaren Verunreinigungen bei organischen Substanzen im allgemeinen nicht in erster Linie das elektrische Verhalten. Methodisch stützt man sich deshalb meist auf den Vergleich von Varianten der Synthese- und Probenpräparationsverfahren mit den physikalischen Eigenschaften.

Auch die bestfundierte Substanzcharakterisierung ist jedoch wertlos, wenn während der nachfolgenden Probenpräparation oder physikalischen Messung unkontrollierte Struktur- oder sogar Substanzänderungen auftreten. Möglichkeiten dafür sind Schädigungen infolge unzweckmäßiger Lagerung durch Feuchte, Luftsauerstoff, Sonnenlicht oder synergistische Effekte sowie infolge thermischer Einwirkung. So treten am TEA-$(TCNQ)_2$ (TEA = Triäthylammonium) auch im Hochvakuum bereits ab 70 °C irreversible Leitfähigkeitsänderungen auf [3.6], bei Phthalozyaninen findet sich bei höheren Temperaturen eine autokatalytische Polymerisation, während in hochpolymeren Substanzen Nachpolymerisationen unter Vergrößerung des Molekulargewichtes, aber auch Abbauerscheinungen und im Extremfall eine pyrolytische Zersetzung bis zu kohleartigen Produkten vor sich gehen können (vgl. z. B. [3.7]).

## *3.4. Dotierung; Legierungen*

Die Begriffe Dotierung und Legierung, die der Technologie anorganischer Element- und Verbindungshalbleiter bzw. der Metallurgie entnommen sind, werden im Zusammenhang mit organischen Elektronenleitern etwas modifiziert benutzt.

Dotierungssubstanzen (Dotanden) sind zugefügte oder belassene Beimengungen eines Halbleitermaterials, die im Konzentrationsbereich von unter 1% = 10000 ppm vorliegen und die elektrischen oder photoelektrischen Eigenschaften in bestimmter, beabsichtigter Weise beeinflussen. Sowohl bezüglich der elektrischen Funktion als auch der Größenordnung der Konzentration einer Dotierung besteht völlige Übereinstimmung zwischen anorganischen und organischen Halbleitern (vgl. Abb. 3–2). Die typischen Unterschiede liegen darin, daß abgesehen von der stofflichen Seite bei organischen Substanzen die technologische Realisierung von sowohl *n*- als auch *p*-leitenden Gebieten im gleichen Einkristallvolumen und mit einem mehr oder weniger gut vorgebbaren und reproduzierbaren Konzentrationsgradienten der Ladungsträger, d. h. dem *pn*-Übergang, bisher nur beim Polyazetylen möglich war. Hierin und in den für Molekülkristalle typischen geringen Beweglichkeiten sowie in den ungünstigeren mechanischen und Grenzflächeneigenschaften liegen die Hauptursachen für die fast ausschließliche Verwendung von Silizium und Galliumarsenid in technischen Halbleiteranordnungen. Dagegen ist bei den organischen Photoleitern neben der Sensibilisierung auch die Dotierung im engen Sinne des Wortes durchaus eingeführt und dem Umfang nach speziell in elektrophotographischen Anwendungen des Polyvinylkarbazols (PVK) auch von gewichtiger ökonomischer Bedeutung (s. Kap. 8.).

Unter Legierungen versteht man in der Metallurgie herkömmlicherweise Mischsysteme verschiedener metallischer Elemente mit einem Konzentrationsbereich der Komponenten von etwa 1% an aufwärts (außer z. B. mikrolegierte Stähle), die mit der Absicht hergestellt werden, quantitativ oder qualitativ andere Eigenschaften zur Verfügung zu haben, als sie die Ausgangsstoffe aufweisen. In diesem Sinne wird auch bei Mischsystemen aus organischen Metallen von organischen Legierungen gesprochen. Zu beachten ist, daß man sich bei der Verwendung der Bezeichnung „Metall“ im Zusammenhang mit organischen Leitern streng auf den Vergleich von Betrag und Temperaturkoeffizient der elektrischen Leitfähigkeit beschränkt, nicht aber mechanische Eigenschaften in die Betrachtung einbezogen werden. Unter diesem Aspekt ist z. B. die elektrische Leitfähigkeit von Triphenylmethylphosphonium-$(TCNQ)_2$ untersucht worden, dem reines TCNQ in verschieden großem Umfang „zulegiert“ wurde [3.8], und in [3.9] wird das Phasendiagramm des binären Systems TTF-J diskutiert, das zwei stöchiometrische Phasen geringer elektrischer Leitfähigkeit und zwei gutleitende Phasen nichtrationaler Stöchiometrie aufweist. Sehr ausführlich ist auch das pseudobinäre System $(TTF)_x(TSeF)_{1-x} \cdot TCNQ$ untersucht worden, das aus den beiden Komplexen des TCNQ mit Tetrathiafulvalen (TTF) und Tetraselenafulvalen (TSeF) gebildet wird [3.10, 3.11, 3.12]. Trotz ihrer Bedeutung ist die Zahl der genauer bekannten organischen Legierungen noch gering, da diese die Verfügbarkeit, die genaue Kenntnis und die sichere Beherrschung wohldefinierter Ausgangskomponenten voraussetzen.

# 4. Züchtung von Einkristallen; Probenpräparation

## *4.1. Züchtung von Einkristallen*

Einkristalle möglichst hoher stofflicher und struktureller Perfektion bilden die unumgängliche Voraussetzung jeder festkörperphysikalischen Untersuchung, die über das Stadium einer ersten Orientierung hinausgelangen soll. Falls es sich nicht um Hochpolymere handelt, die hier nicht diskutiert werden sollen, bilden elektronenleitende organische Substanzen in den meisten Fällen Molekülgitter, die dem monoklinen oder triklinen Kristallsystem angehören. Damit entfallen die in höhersymmetrischen Gittern und besonders auch bei Metallen vorherrschenden vereinfachenden Symmetrieeigenschaften. Zusammen mit der ausgeprochenen Anisotropie vieler physikalischer Größen erfordert die Bestimmung der jeweiligen Tensorkomponenten deshalb grundsätzlich die Messung mehrerer, verschieden orientierter Proben, idealerweise vom gleichen Kristall. Durch die mit der Forderung nach elektrischer Leitfähigkeit eng gekoppelte Planarität der Moleküle ist jedoch das Überwiegen eines nadelförmigen Habitus bedingt, so daß unter Umständen die Ausnutzung aller Möglichkeiten der Habitus- und Trachtbeeinflussung erforderlich wird, um die notwendige Anzahl von kristallographisch unterschiedlich orientierten Meßproben zu erhalten.

Von den Kristallzüchtungsverfahren ist die bei Metallen und Halbleitern in breitem Umfang angewandte Züchtung

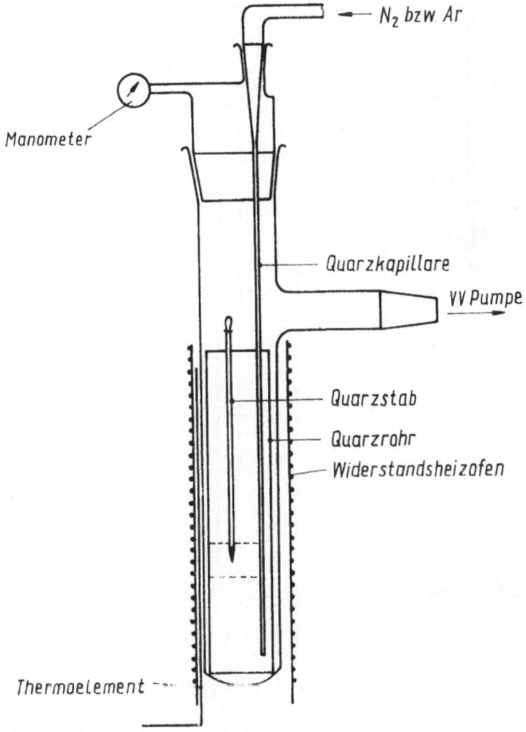


Abb. 4-1. Züchtungsapparatur für Kupferphthalozyanin aus der Gasphase

aus der Schmelze bei organischen Elektronenleitern wegen der begrenzten thermischen Stabilität der Verbindungen nur sehr selten geeignet. Nach umfangreichen Untersuchungen zur Prozeßoptimierung lassen sich bei den Phthalozyaninen infolge ihrer ausgezeichneten Temperaturbeständigkeit Kristalle guter Qualität und in Abmessungen bis zur Größe eines halben Streichholzes durch Gasphasenzüchtung gewinnen (Abb. 4–1) [4.1]. Am

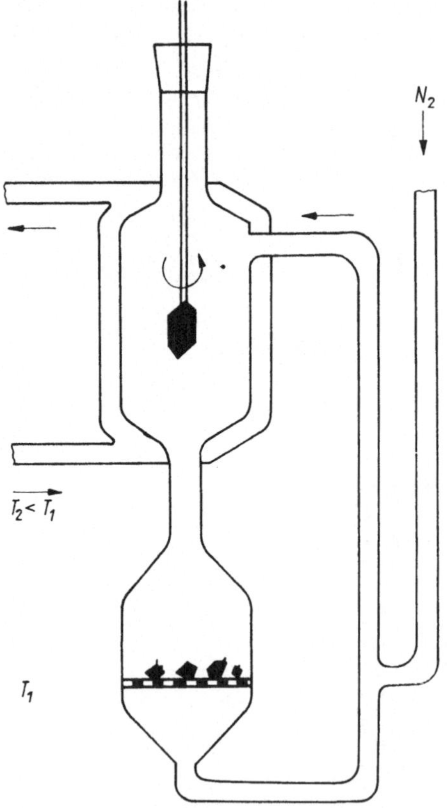


Abb. 4–2. Kristallzuchtapparatur für das Umlaufverfahren

weitesten verbreitet wegen der Möglichkeit, thermisch sehr schonend arbeiten zu können, sind Züchtungsverfahren, die von Lösungen ausgehen. Die Gefahr des generellen oder lokalen Lösungsmitteleinbaus muß in Kauf genommen werden, wenn andere Wege zur Gewinnung von Einkristallen nicht beschritten werden können. Außer Züchtung durch Verdunstung und durch gesteuerte Abkühlung werden Umlaufverfahren angewandt, die unter anderem auch bei geringen zur Verfügung stehenden Substanzmengen zu Kristallen brauchbarer Größe führen können (Abb. 4–2). Im Zusammenhang mit der Bedeutung metastabiler Phasen finden seit einiger Zeit auch Diffusionsverfahren vermehrte Aufmerksamkeit [4.2]. Allgemein ist festzustellen, daß bei leitfähigen organischen Substanzen Einkristalle mit linearen Abmessungen von etwa 5 mm bereits als groß anzusehen sind. Die typischen Abmessungen der einkristallinen TTF-TCNQ-Proben, an denen die grundlegenden Messungen der elektrischen Leitfähigkeit vorgenommen wurden, betrugen etwa $5 \times 0{,}3 \times 0{,}02\ \mathrm{mm}^3$. Für Untersuchungsverfahren, die größere Materialvolumina erfordern, z. B. Neutronenstreuexperimente, werden deshalb sogenannte „Mosaikproben" aus zahlreichen kleineren, sorgfältig zueinander orientierten Kristallen zusammengesetzt.

Nach Habitus und Größe legen kristalline organische Elektronenleiter oft den Gedanken an Whisker nahe. Ob die dafür charakteristischen Wachstumsmechanismen, Strukturbesonderheiten (zentrale Schraubenversetzung) und erhöhten Werte spezieller physikalischer Eigenschaften (z. B. der mechanischen Festigkeit) diese Auffassung bestätigen, muß jedoch im Einzelfall jeweils sorgfältig abgesichert werden.

## *4.2. Schichtabscheidung und Epitaxie*

Hochpolymere organische Substanzen mit elektronischer Leitfähigkeit im reinen oder dotierten bzw. sensibilisierten Zustand fallen entweder schon bei der Synthese des Grundmaterials in Form dünner Schichten an (Glimmpolymerisation, thermisch-pyrolytische Abscheidung) [4.3, 4.4], oder sie werden auf Glas- bzw. Quarzsubstraten aus der Lösung durch Tauchen, Sprühen oder Schleudern aufgebracht [4.5]. In jedem Fall ist durch Monomer-, Oligomer- und Restgaseinbau bzw. durch nicht vollständige Entfernbarkeit des Lösungsmittels eine Beeinflussung der elektrischen Eigenschaften nicht von vornherein auszuschließen. Eine spezielle Möglichkeit bei linearen Hochpolymeren ist die Herstellung von Proben mit Vorzugsorientierung aus gereckten Fasern oder Folien, auf die entweder Farbstoffmoleküle gerichtet adsorbiert werden oder deren hochpolymere Grundsubstanz zugleich die Funktion eines Donators oder Akzeptors hat [6.4].

Niedermolekulare Substanzen lassen sich in Form polykristalliner Dünnschichten durch Aufschlämmen oder Sedimentieren herstellen. Die mechanische Stabilität und auch die Konstanz der elektrischen Eigenschaften genügen dabei allerdings meist nur minimalen Ansprüchen. Thermisches Aufdampfen im Hochvakuum setzt ausreichend hohe Temperaturbeständigkeit voraus, die z. B. die Phthalozyanine ohne weiteres besitzen. Von den Donator-Akzeptor-Komplexen läßt sich nur TTF-TCNQ ohne Zersetzung und Stöchiometrieabweichungen aufdampfen [4.7]. Die Schichtabscheidung organischer elektronenleitender Substanzen durch Ionenzerstäubung (Sputtern) ist in der Regel mit so starken Abbauerscheinungen und Schichtinstabilitäten verbunden, daß sich z. B. bei TEA-TCNQ noch nach Monaten kein konstanter elektrischer Widerstand messen läßt. Auf der Grenze zu den flüssigen Dünnschichten befinden sich die Aufbau- oder Langmuir-Schichten mit Dicken zwischen einer und einigen zehn Moleküllagen.

Zur Herstellung epitaktischer Dünnschichten aus einkristallinen Bereichen oder mit zumindest ausgeprägter Vorzugsorientierung sind vor allem an Komplexsalzen Untersuchungen durchgeführt worden. Wie sehr viele organische Stoffe läßt sich z. B. auch TEA-TCNQ aus einer Lösung in Azetonitril auf frischen Spaltflächen von Sacharose orientiert abscheiden [4.8]. Eingehendere Untersuchungen für thermisch aufgedampftes TTF-TCNQ

Abb. 4-3. Epitaxie von TTF-TCNQ auf (001)-Spaltflächen von NaCl (Breite der Kristallite etwa 0,25 μm). Die Achsen orientieren sich parallel ⟨110⟩ und ⟨1$\bar{1}$0⟩

[4.9] führten zu einfach- und doppeltorientierten Abscheidungen auf NaCl-, Glimmer- und Triglyzinsulfatspaltflächen. Ein Beispiel dafür ist in Abbildung 4-3 dargestellt [4.10]. Abschließend sei auf den Zusammenhang zwischen Epitaxie und Interkalation, die Einlagerung organischer oder anorganischer Moleküle in die dabei aufgeweiteten Zwischenräume von Kristallgittern mit ausgeprägter Schichtstruktur (Graphit; $TaS_2$; Schichtsilikate) (vgl. Abb. 10-2) hingewiesen.

## *4.3. Herstellung von Preßkörpern und Folien*

Preßkörper aus feinpulvrigen, notfalls im Mörser oder in der Schwingmühle weiter zerkleinerten organischen Elektronenleitern in Form von Tabletten oder Stäbchen sind die am einfachsten herstellbaren Meßproben für die Untersuchung der physikalischen Transporteigenschaften. Ihr Nachteil besteht im Herausmitteln der Anisotropieeffekte, in Oberflächen- und Korngrenzeneinflüssen und in sehr starker Gitterdefekterzeugung beim Preßvorgang. Die an ihnen gemessenen Werte gestatten deshalb nur eine erste Orientierung bei der Untersuchung neuer Substanzgruppen oder eine Grobklassifizierung z. B. in homologen Reihen. Mit einem Substanzbedarf von etwa 300 bis 500 mg lassen sich in polierten Werkzeugen aus gehärtetem, manganhaltigem Kaltarbeitsstahl leidlich homogene Probekörper herstellen, die ab 30 MPa keine Anhängigkeit der elektrischen Werte vom Preßdruck mehr aufweisen und nach der Anwendung von Drücken um 400 MPa meist mechanisch ausreichend stabile Formkörper liefern. Ausgesprochen faserig kristallisierende Komplexe wie z. B. Chinolinium-TCNQ sind auch bei höheren Drücken nicht oder nur äußerst schwierig verpreßbar.

Folien als freitragende feste Probenkörper von meist wenigen $cm^2$ Fläche und Dicken in der Größenordnung von $1 \cdots 100\ \mu m$ werden zur Bestimmung der Wärmeleitfähigkeit in der Folienebene, in gereckter Form als Träger adsorbierter Farbstoffmoleküle, für optische Messungen im Wellenlängenbereich der Eigenabsorption der Substrate sowie für physikochemische und biochemische Untersuchungen benötigt. Außer über Schichtabscheidungsverfahren mit anschließender Ablösung von der Unterlage, die diesem Zweck auch speziell angepaßt werden kann, z. B. durch Wahl von NaCl als wasserlöslichem Substrat, kann man dazu geeignete Hochpolymere auch als Film direkt aus einer Lösung entsprechender

Viskosität ziehen und anschließend trocknen. Hoch kohlenstoffhaltige Folien sind durch pyrolytischen Abbau aus handelsüblichen Polymerfolien zugänglich, die ihrerseits mit Verfahren der Plasttechnologie erzeugt werden.

## *4.4. Elektrische Kontaktierung*

Außer bei induktiven Wechselstrom- und Mikrowellenverfahren sind für alle Untersuchungsmethoden zur Messung der Dunkel-, Photo- und Supraleitfähigkeit, aber auch des SEEBECK-Koeffizienten, des HALL-Koeffizienten und anderer galvanomagnetischer Größen zuverlässige elektrische Kontakte an den Probenkörpern erforderlich. Je nach dem chemischen Reaktionsverhalten zwischen organischer Substanz und Kontaktwerkstoff, der geforderten geometrischen Gestalt der Kontaktierung, dem vorgesehenen Temperaturintervall und der interessierenden Wellenlänge bei photoelektrischen Messungen unter Verwendung transparenter, elektrisch leitfähiger Elektroden kann die optimale Kontaktierungsvariante im konkreten Einzelfall sehr unterschiedlich sein.

Druckkontakte in Form vergoldeter Kupferstempel oder -folien, angespitzter oder auch kugelig geschmolzener Wolfram- oder Platindrähte sind einfach in der Handhabung und gestatten einen unkomplizierten Probenwechsel. Ihre Anwendung setzt voraus, daß die für die sichere elektrische Funktion erforderliche Höhe des Kontaktdruckes keine Schädigung oder gar Zerstörung der Probe hervorruft. Bei mechanisch sehr empfindlichen Kristallen, Dünnschichten oder Folien sind flüssige Kontakte aus Quecksilber (Abb. 4–4) oder auch speziellen Elektrolytflüssigkeiten zwar mechanisch, aber nicht unbedingt im gleichen Maße elektrisch zufriedenstellend. Leitfähige Pasten und Suspensionen auf der Basis von kolloidalem Silber in organischer Trägerflüssigkeit („Leitsilber“, „Colcolor“) oder Graphit in wässrig-ammoniakalischer Suspension („Aquadag“, „Wagras“) sind vielseitig verwendbare und bei mehrfachem dünnem Auftragen und ausreichender Zwischentrocknung auch mechanisch und elektrisch sehr zuverlässige Kontakte. Der Übergangswiderstand einer Leitsilberkontaktierung beträgt größenordnungsmäßig 1 $\Omega/mm^2$ bei Zimmertemperatur; an Graphitkolloidkontaktierungen treten je nach Sorgfalt

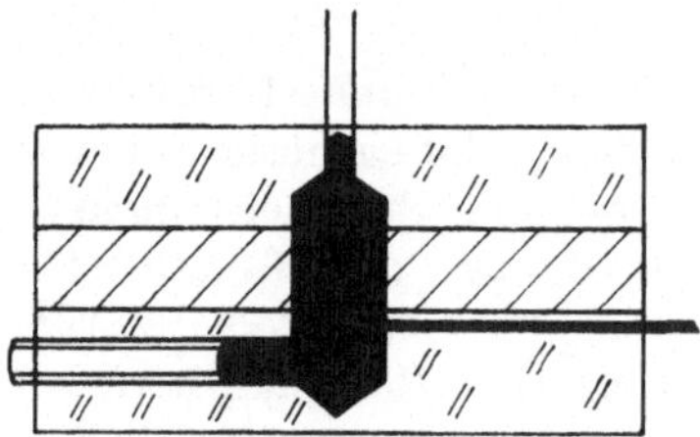

Abb. 4–4. Mehrsondenvorrichtung zur Messung der elektrischen Leitfähigkeit: Querschnitt durch eine Quecksilber-Elektrode

der Ausführung Werte von etwa 30 $\Omega$ bis 80 k$\Omega$ je $mm^2$ auf. Ausgezeichnete Zuverlässigkeit und Verträglichkeit mit der organischen Substanz besitzen in der Regel aufgedampfte Goldkontaktierungen, falls die Substanz die damit verbundene Belastung der Hochvakuumanwendung und Wärmeeinwirkung verträgt. Die einwandfreie Funktion ist selbst dann noch gegeben, wenn wie im Falle des TCNQ und seiner Komplexsalze eine chemische Reaktion zwischen dem TCNQ und dem Gold, Silber, Nickel oder Kupfer der aufgedampften Kontaktierung vor sich geht. Die eingehende Klärung der physikalischen und chemischen Verhältnisse im System organischer Elektronenleiter—Kontaktwerkstoff zahlt sich in jedem Fall nicht nur durch zuverlässige Meßwerte, sondern oft auch durch wertvolle technologische Erfahrungen aus, die dabei frühzeitig zugänglich werden.

# 5. Festkörperphysikalische Zusammenhänge

## 5.1. *Die Grundlagen des Ladungstransports im einzelnen Molekül*

Im allgemeinen gehören organische Verbindungen ihren elektrischen Eigenschaften nach zu den Isolatoren mit einer spezifischen Leitfähigkeit bei Zimmertemperatur von weniger als $10^{-12}\,\Omega^{-1}\,\mathrm{cm}^{-1}$. Untersucht man die Ausnahmen genauer, so stellt man fest, daß nahezu durchgängig ein besonderer Bau der Moleküle vorliegt, den wir unter dem Oberbegriff des Systems der konjugierten Doppelbindungen zusammenfassen. Organische

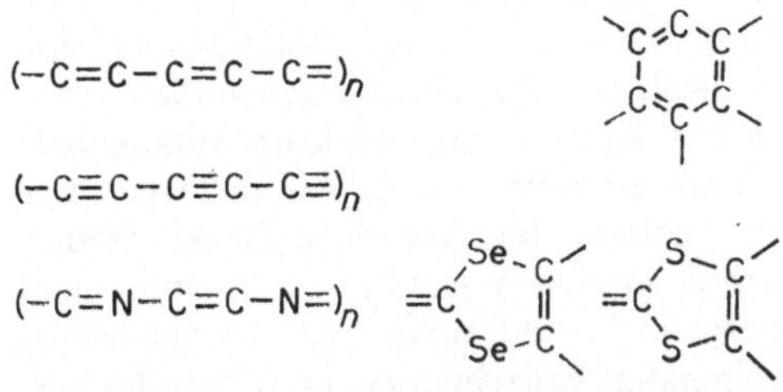

$(-C{=}C-C{=}C-C{=})_n$

$(-C{\equiv}C-C{\equiv}C-C{\equiv})_n$

$(-C{=}N-C{=}C-N{=})_n$

Abb. 5-1. Beispiel für Struktureinheiten in organischen Halbleitern und Leitern

Moleküle eines Stoffes, der Halbleiter- oder Leitereigenschaften besitzt, enthalten fast immer Struktureinheiten des Typs, wie sie in Abbildung 5-1 skizziert sind. Das System konjugierter Doppelbindungen ist im wesentlichen durch eine Folge kettenartig oder ringförmig angeordneter alternierender Doppelbindungen gekennzeichnet. Wichtig ist allerdings, daß die betrachteten Strukturen tatsächlich in sich eben sind.

In organischen Substanzen tritt Kohlenstoff vierwertig auf. Seine Bindungskonfiguration erzwingt auch einen bestimmten sterischen Aufbau der Moleküle. Im einfachsten Fall bilden die vier Valenzelektronen des Kohlenstoffs vier gleichberechtigte Elektronenwolken, die aus der Vermischung von einem 2s-Elektron und drei 2p-Elektronen hervorgehen. Diese vier $sp^3$-Hybride gehen mit denen anderer C-Atome Bindungen ein, die bezüglich der Verbindungsachse eine freie Drehbarkeit benachbarter Atome zulassen, weil die an der Bindung beteiligte Elektronenwolke zur Bindungsachse rotationssymmetrisch ist. Man bezeichnet diesen Bindungstyp als Einfachbindung oder als $\sigma$-Bindung. Ein zweiter hybridischer Zustand besteht aus drei untereinander gleichwertigen $sp^2$-Valenzhybriden, die in einer Ebene trigonal angeordnet sind, und einem $2p_z$-Elektron, dessen Verteilungsfunktion in Form einer Hantel senkrecht zu dieser Ebene steht. Vereinigt man zwei $sp^2$-Hybride zu einer kovalenten Bindung, so entsteht einerseits durch Überlappung zweier $sp^2$-Wolken eine $\sigma$-Bindung mit zylindersymmetrischer Elektronenverteilung. Andererseits verschmelzen die einzelnen $2p_z$-Elektronenwolken miteinander, ohne ihren Symmetriecharakter aufzugeben. Dabei bleibt die Knotenfläche, welche die positiven von den negativen Bereichen der Wellenfunktion trennt, erhalten. Es entsteht so eine $\pi$-Bindung mit einer nicht rotationssymmetrischen Verteilung der Elektronenladung mit der daraus folgenden Starrheit gegen Verdrehungen um die C—C-Achse. Die $\sigma$- und die $\pi$-Bindung bilden zusammen eine Doppelbindung. Eine Dreifachbindung setzt sich schließlich aus einer $\sigma$-Bindung vom Typ sp und zwei $\pi$-Bindungen zusammen.

In einem System konjugierter Doppel- oder Dreifachbindungen geht mit wachsender Konjugation der Charakter der isolierten Bindungen durch $\pi$-Elektronenverschiebung verloren. Diese Aussage wird eindeutig durch die Messung der Atomabstände belegt (Abb. 5–2). Ausgedehnte Konjugationssysteme haben einen mittleren Abstand zwischen den C-Atomen von 0,139 nm. Konjugierte molekulare Systeme sind energetisch wesentlich stabiler als nichtkonjugierte gleicher Summenformel. Damit sich aber benachbarte $2p_z$-Elektronenwolken optimal überlappen können, ist es notwendig, daß lineare Ketten wirklich exakt gerade gebaut sind oder daß zweidimensional ausgedehnte Moleküle exakt eben sind. Polyzyklische Aromaten sind z. B. bei einer Ausdehnung

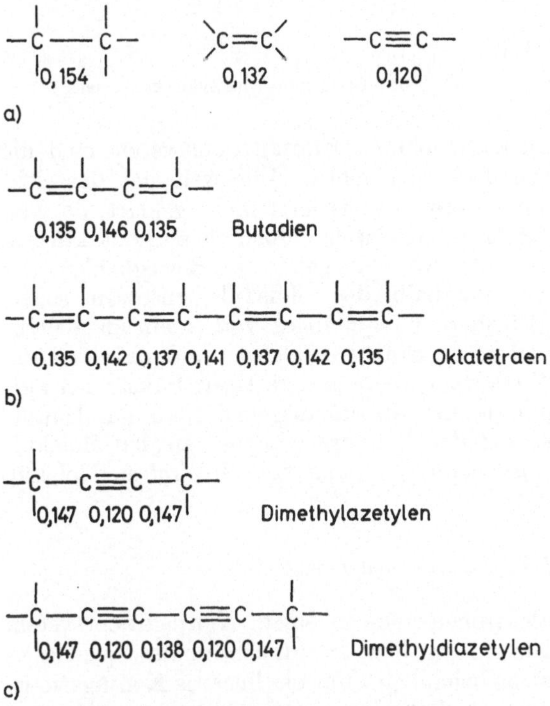

—C—C— 0,154   >C=C< 0,132   —C≡C— 0,120

a)

—C=C—C=C—

0,135 0,146 0,135 Butadien

—C=C—C=C—C=C—C=C—

0,135 0,142 0,137 0,141 0,137 0,142 0,135 Oktatetraen

b)

—C—C≡C—C—

0,147 0,120 0,147 Dimethylazetylen

—C—C≡C—C≡C—C—

0,147 0,120 0,138 0,120 0,147 Dimethyldiazetylen

c)

Abb. 5–2. Atomabstände in Konjugationssystemen
a) isolierte Bindungen,
b) konjugierte Doppelbindungen,
c) konjugierte Dreifachbindungen (Längenangaben in nm)

von ca. $1 \times 1\,nm^2$ auf $\pm 1$ pm planar. Fehlt die wirklich ebene Anordnung, wie beim Zyklooktatetraen — hier ist es nicht gewährleistet, daß sich ein notwendiger Bindungswinkel von 120° zwischen den verschiedenen $\sigma$-Bindungen einstellen kann —, dann fehlen auch alle anderen Merkmale eines ebenen konjugierten Systems (Abb. 5-3).

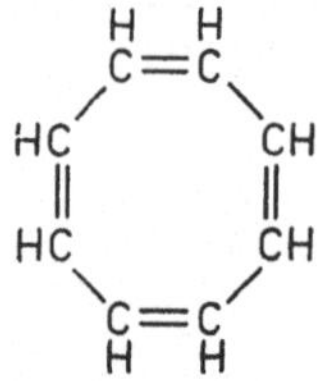

```
   H  H
   C=C
  /    \
HC      CH
||      ||
HC      CH
  \    /
   C=C
   H  H
```

Abb. 5-3. Strukturformel des Zyklooktatetraens

In einem ausgedehnten Konjugationssystem sind die $\pi$-Elektronen frei verschiebbar. Wie weit sich das elektronisch nutzen läßt, ist bis jetzt nicht geklärt, da man weder in der Lage ist, einzelne Moleküle zu kontaktieren, noch genau weiß, wie man etwa eine Beweglichkeit des $\pi$-Elektrons innerhalb des Moleküls ansetzen sollte. Sicher sind frühere Vorstellungen von einem idealleitenden Zustand nicht ganz zweifelsfrei. Andererseits kann man für Festkörper, die aus derartigen Bausteinen aufgebaut sind, immer davon ausgehen, daß die Haupthindernisse für den Ladungstransport an den Molekülgrenzen, also beim Übergang von Molekül zu Molekül, entstehen.

## 5.2. *Das Elektronengasmodell*

Die $\pi$-Elektronenwolke in einem Konjugationssystem läßt sich wie ein ein- bzw. zweidimensionales, quasifreies Elektronengas behandeln. Für ein lineares Konjugationssystem kann der Potentialansatz eines ebenen Kastens verwendet werden [5.1, 5.2, 5.3]. Die durch den diskreten Aufbau des Moleküls hervorgerufene Periodizität des Potentials kann infolge der starken Abschirmwirkung der Elektronen vernachlässigt werden. Ein System von $N$ $\pi$-Elektronen hat im eindimensionalen Fall eine Länge von $L = Nl$, $l = 0{,}139$ nm. Die zeitunabhängige SCHRÖDINGER-Gleichung des Problems lautet

$$[(-\hbar^2/2m^*)\,(\partial^2/\partial x^2) + V]\,\varphi(x) = W(x). \qquad (5.1)$$

Sie besitzt die Energieeigenwerte

$$W_n = n^2h^2/8m^*L^2 = n^2h^2/8m^*N^2l^2. \quad (5.2)$$

Das höchste besetzte Niveau ist unter Berücksichtigung des PAULI-Prinzips

$$W_{N/2} = (N/2)^2h^2/8m^*N^2l^2$$

und das erste unbesetzte

$$W_{N/2+1} = (N/2 + 1)^2h^2/8m^*N^2l^2.$$

Für das niedrigste Anregungsniveau findet man schließlich

$$\Delta W = W_{N/2+1} - W_{N/2} = [(N + 1)/N^2]\, h^2/8m^*l^2. \quad (5.3)$$

Die Zahl der $\pi$-Elektronen $N$ ist immer gerade. Für $m^*$ kann die Elektronenmasse eingesetzt werden, obwohl anzunehmen ist, daß $m^* > m$ ist.

Liegt kein vollständiger Bindungsausgleich in kleineren Konjugationssystemen vor, das ist der häufigere Fall, so kann die periodische Variation des Potentials $V$ im Potentialkasten durch die Annahme eines sinusförmigen Potentialverlaufs berücksichtigt werden [5.4]. Die Minima dieses Potentials liegen in der Mitte des kürzeren Bindungsabstandes. Man findet dann mit

$$V = V_0 \cdot \sin(\pi/l)\, x, \quad V_0 = \text{einige } 0{,}1 \text{ eV}, \quad (5.4)$$

$$\Delta W = V_0[1 - 1/N] + [(N + 1)/N^2]\, h^2/8m^*l^2. \quad (5.5)$$

Für ein ringförmiges Konjugationssystem ergibt sich schließlich unter Vernachlässigung der auch dort möglichen Periodizität des Potentials

$$W = (1/N)\, h^2/4m^*l^2. \quad (5.6)$$

Die Behandlung verzweigter Konjugationssysteme führt mit diesem Modell zu Schwierigkeiten. Der Einbau von Heteroatomen kann durch einen Potentialtopf am

Ort des Heteroatoms erfaßt werden. Der Einfluß von Endgruppen wird durch die Annahme eines verlängerten Konjugationssystems berücksichtigt. Ein System konjugierter Dreifachbindungen besitzt immer einen wesentlich schwächeren Ausgleich der Bindungslängen, deshalb steigt hier $V_0$ stark an. Die $\pi$-Elektronen sind wesentlich weniger beweglich [5.4].

## 5.3. *Tunnelleitung*

Bei organischen Halbleitern und Photoleitern kann man gewöhnlich mit einer Lokalisation der Ladungsträger im einzelnen konjugierten Molekül rechnen. Zwischen den Molekülen bilden sich Potentialbarrieren aus, die durch einen Potentialverlauf wie in Abbildung 5–4

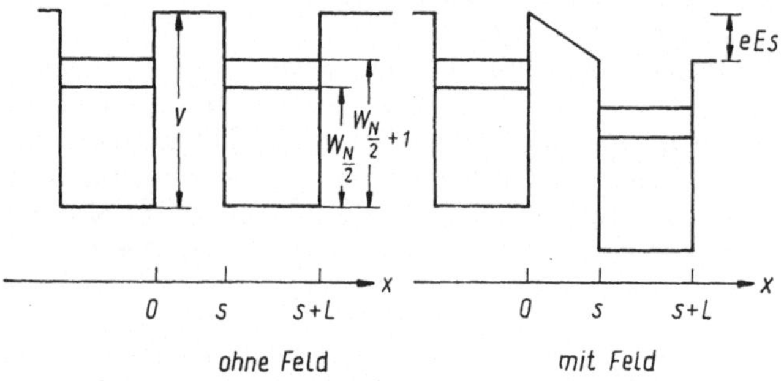


Abb. 5–4. Potentialbarriere zwischen zwei benachbarten Molekülen im Kristallgitter in einer bestimmten kristallografischen Richtung der Breite $s$ und der Höhe $(V - W_{N/2})$ mit und ohne elektrisches Feld $E$

angenähert werden können. Die periodische Anordnung derartiger Potentialbarrieren hat nur wenig Einfluß auf die Durchtunnelungswahrscheinlichkeit der einzelnen Barriere und braucht in einer einfachen Abschätzung nicht berücksichtigt zu werden [5.5]. Durch Anlegen eines äußeren Feldes wird die Potentialbarriere so verformt, daß der Ladungstransport in Feldrichtung wahrscheinlicher wird als in umgekehrter Richtung. In diesem Fall kann ein linearer Potentialansatz im Bereich der Barriere

$$V(x) = V - Eex \tag{5.7}$$

verwendet werden. Der Durchlaßkoeffizient $D$ wird nach der WKB-Methode

$$-\ln D = (1/\hbar) \int_0^s \{2m[V(x) - W]^{1/2}\} \, dx. \tag{5.8}$$

Einsetzen von (5.7) in (5.8), Integration und Reihenentwicklung in $eEs/(V - W)$ bis zur zweiten Ordnung ergibt die Durchtunnelungswahrscheinlichkeit einer einlaufenden Welle

$$|D^2| = \exp \{[2(2m)^{1/2}/\hbar \pm [s^2 eE(V - W)^{-1/2}/4 - s(V - W)]^{1/2}\}. \tag{5.9}$$

Wir verwenden hier die Energie $W$ für ein Niveau $W_{N/2}$, $W_{N/2+1}$, $W_{N/2+2}$, ..., denn jedes $\pi$-Elektron in einem konjugierten Molekül kann thermisch oder optisch auf ein höherliegendes Niveau angeregt werden. Es ist wichtig, sich diese Tatsache besonders vor Augen zu führen, da (5.9) keine starke Temperaturabhängigkeit enthält. Wie wir weiter unten sehen werden, ist der Ladungstransport in organischen Halbleitern und Photoleitern immer thermisch aktiviert, und zwar nach dem Exponentialgesetz für die Leitfähigkeit $\sigma$, mit dem Präexponentialfaktor $\sigma_0$

$$\sigma = \sigma_0 \cdot \exp(-\Delta W/kT). \tag{5.10}$$

In unserem in Abschnitt 5.2. betrachteten Modell ist $\Delta W$ z. B. mit den Ausdrücken (5.3), (5.5) und (5.6) beschreibbar, ergibt sich also zwanglos aus den speziellen Eigenschaften eines konjugierten Systems. Die Wahrscheinlichkeit $p$ des Ladungstransports in Feldrichtung pro Stoß des $\pi$-Elektrons an die Potentialbarriere ergibt sich als Differenz der Durchtunnelungswahrscheinlichkeiten in und gegen die Feldrichtung

$$p = 2\exp\{-(2s/\hbar)\,[2m(V-W)]^{1/2}\}$$
$$\times \sinh\{[eEs^2/2\hbar]\,[2m(V-W)]^{1/2}\}. \qquad (5.11)$$

Bleibt die elektrische Feldstärke am Ort der Barriere klein, dann kann die Näherung $\sinh x \approx x$ verwendet werden, und aus (5.11) wird

$$p \approx (eEs^2/\hbar)\,[2m(V-W)]^{1/2}$$
$$\times \exp\{-(2s/\hbar)\,[2m(V-W)]^{1/2}\}. \qquad (5.12)$$

Im Rahmen dieser Betrachtungen ist es günstig, etwa ein $\pi$-Elektron pro Molekül für den Tunnelungsvorgang als verfügbar anzusetzen. Man hat also etwa mit einer Ladungsträgerkonzentration von $n = 10^{21} \ldots 10^{22}\ \text{cm}^{-3}$ zu rechnen. Die Driftgeschwindigkeit in Feldrichtung im $(N/2+1)$ten Niveau ist

$$v_\text{d} = v(L+s)\,p/2L, \qquad (5.13)$$

und mit (5.3) wird daraus, wenn wir $\Delta W = (m/2)\,v^2$ ansetzen,

$$v_\text{d} = (N/2+1)\,(L+s)\,(h/4L^2m)\,p. \qquad (5.14)$$

Die für jeden Ladungstransport entscheidende Größe der effektiven Beweglichkeit findet man daraus als

$$\mu = v_\text{d}/E_\text{außen} = v_\text{d}(L+s)/Es,$$
$$\mu \approx (N/2+1)\,(L+s)^2\,(h/4L^2m)\,(es/\hbar)\,[2m(V-W)]^{1/2}$$
$$\times \exp\{-(2s/\hbar)\,[2m(V-W)]^{1/2}\}. \qquad (5.15)$$

Setzt man für ausgedehnte Konjugationssysteme mit einer großen Zahl von $\pi$-Elektronen $N/2 \gg 1$ an, dann folgt das interessante und auch erwartete Ergebnis, daß die Beweglichkeit der Ladungsträger $\mu$ der Zahl der $\pi$-Elektronen proportional ist. Für diesen Fall wird übrigens $W = W_\infty = h^2/32ml^2$. Setzt man typische Werte für die beteiligten Größen ein z. B.: $V = 20$ eV, $W = 10$ eV, $s = 0{,}3$ nm, $N = 20$, $L = 1$ nm, dann erhält man

$\mu = 0{,}9 \cdot 10^{-3}\,\text{cm}^2/\text{Vs}$ und $\sigma = 0{,}14\,\Omega^{-1}\,\text{cm}^{-1}$. Das sind durchaus experimentell sinnvolle Werte. Rechnet man mit einem Dreieckspotential, findet man um einen Faktor 100 größere Werte. Schon durch eine geringfügige Erhöhung der Barriere oder durch eine Barrierenverbreiterung sinken die Beweglichkeitswerte um viele Größenordnungen ab. Setzt man nicht eine Ladungsträgerkonzentration $n = 10^{21} \ldots 10^{22}\,\text{cm}^{-3}$ an, sondern berücksichtigt, daß nur ein Bruchteil der $\pi$-Elektronensysteme thermisch angeregt ist, dann findet man für die Wahrscheinlichkeit des Ladungstransports einen Korrekturfaktor $p \to p \times \exp(-\Delta W/kT)$. Für unser gewähltes konkretes Beispiel wird $\Delta W = 1{,}0\,\text{eV}$, und bei Zimmertemperatur würde man so für die Leitfähigkeit bei einer auf $kT$ bezogenen Aktivierungsenergie von 1 eV $\sigma = 1{,}3 \cdot 10^{-18}\,\Omega^{-1}\,\text{cm}^{-1}$ finden. Das ist etwa die Grenze, die auf dem Wege der Extrapolation aus Messungen bei höheren Temperaturen für verschiedene organische Halbleiter und Photoleiter gefunden wird.

## 5.4. *Hoppingleitung*

Das zunächst für Stoffe wie $Fe_2O_3$, NiO oder Se entwickelte Hoppingmodell [5.6, 5.7] wird auch auf organische Molekülkristalle angewandt [5.8, 5.9]. Es ist verständlich, daß man sehr kleine Ladungsträgerbeweglichkeiten immer als effektive Beweglichkeiten auffassen kann. Die überwiegende Zeit ist der Ladungsträger in einem bestimmten Gitterbereich lokalisiert, und deshalb kommt es auch zu einer intensiven Wechselwirkung des Ladungsträgers mit seiner Umgebung. In unserem Fall ist die Umgebung das konjugierte Molekül selber, und die Lokalisation umfaßt ein Volumengebiet von größenordnungsmäßig 1 nm$^3$, das zur Verfügung stehende Molekülvolumen. Neben einem Tunnelvorgang ist es auch denkbar, daß ein Ladungsträger thermisch angeregt in ein Nachbarmolekül gelangt, indem er die Potentialbarriere überspringt. Dieser Hüpf- oder – englisch – Hoppingvorgang hat dem Leitungsmechanismus seinen Namen gegeben. Um eine einfache Abschätzung zu erreichen, kann man wieder davon ausgehen, daß zwischen zwei für Ladungsträger verfügbaren Gitterplätzen eine Energiebarriere der Form Abbildung 5-4 vorliegt. Die Ladungsträger stoßen mit der Frequenz $v/L$ an die Potentialbarriere. Bezeichnen wir jetzt die Energiedifferenz $\overline{V}(x) - W$ als die Schwellenenergie $W_s$, $\overline{V}(x)$ ist die mittlere Barrierenhöhe, dann finden wir näherungsweise, daß pro Zeiteinheit $N(v/2L) \cdot \exp(-W_s/kT)$ Ladungsträger die Barriere überspringen können. Dieser Vorgang führt zu einer Ladungsträgerdrift, wenn ein äußeres elektrisches Feld anliegt. Für den eindimensionalen Fall ergibt sich

$$p = \exp(-[W_s - eEs/2]/kT) - \exp(-[W_s + eEs/2]/kT) \tag{5.16}$$

als Differenz für die Vorwärts- und Rückwärtssprünge. Aus (5.16) folgt mit Hilfe von (5.13) eine Driftgeschwindigkeit für den Hoppingprozeß von

$$v_d = v(L + s) \cdot \sinh(eEs/2kT) \cdot \exp(-W_s/kT)/2L. \tag{5.17}$$

Gehen wir wieder zum besonders interessierenden Fall kleiner Feldstärken über, dann folgt daraus

$$v_d = v(L + s) \cdot (eEs/2kT) \cdot \exp(-W_s/kT)/2L. \tag{5.18}$$

Da sich die meisten $\pi$-Elektronen im Grundzustand befinden, berechnen wir jetzt $v$ auf dessen Grundlage und erhalten $v = Nh/4mL$. Damit wird die eindimensionale Hoppingbeweglichkeit

$$\mu \approx (Nhe/16m)\,[(L + s)^2/L^2]\,(1/kT) \cdot \exp(-W_s/kT). \tag{5.19}$$

Üblicherweise findet man in der Literatur einen anderen Ausdruck, der für den dreidimensionalen Fall gilt und bei dessen Ableitung berücksichtigt wird, daß sich in einem Festkörper ein Ladungsträger durch Wechselwirkung mit dem Gitter eine solche Deformation schafft, daß er dann längere Zeit an dieser Gitterstelle lokalisiert bleibt. Wir wollen diesen Ausdruck zum Vergleich geben:

$$\mu \approx [fs^2eN_s(kT)^2/h^3\nu^2] \cdot \exp(-W_s/kT). \qquad (5.20)$$

Die Größen bedeuten hier: $f$ — mittlerer Winkel der Hoppingrichtung bezüglich des anliegenden Feldes, $s$ — mittlerer Abstand der Gitterplätze, $N_s$ — Zahl benachbarter Plätze, $\nu$ — Schwingungsfrequenz des Gitters senkrecht zur Bewegungsrichtung der Ladungsträger, $W_s$ — Barrierenhöhe. Sowohl für diese als auch für die lokalisierte Darstellung kann man abschätzen, daß die Beweglichkeit $\mu \leqq 1\,\text{cm}^2/\text{Vs}$ sein muß, damit überhaupt die Hoppingleitung gegenüber z. B. der Leitung in einem Band in einem Festkörper vorherrschen kann [5.9]. Wie wir weiter unten noch sehen werden, ist im Bereich der Beweglichkeiten

$$0{,}1 \leqq \mu \leqq 1\,\text{cm}^2/\text{Vs}$$

ein kombinierter Leitungsvorgang von Hoppingleitung und Bandleitung zu erwarten. Bei Beweglichkeiten unterhalb 0,1 cm²/Vs treten Tunnelleitung und Hoppingleitung in Konkurrenz. Da es sich bei der Hoppingleitung um einen aktivierten Prozeß handelt, ist ihr Anteil bei $T = 0$ K gleich Null. Nach CHRISTOV [5.10] ist die Temperatur, bei der beide Anteile gleich groß sind,

$$T_{\text{Ch}} = \hbar W_s^{1/2}/ks(\sigma m^*)^{1/2}. \qquad (5.21)$$

Für $s$ ist in (5.21) die Halbwertsbreite der Barriere einzusetzen.

Auf der Basis der im Hoppingmodell gültigen Ansätze läßt sich auch eine Beziehung für die Thermospannung angeben [5.11]. Man kann davon ausgehen, daß durch einen Temperaturgradienten ein Ladungsträgerkonzentrationsgradient entsteht. Die Teilchenflußdichte wird durch das 1. FICKsche Gesetz beschrieben:

$$(\mathrm{d}n/\mathrm{d}t)/A = -D(\mathrm{d}n/\mathrm{d}x), \tag{5.22}$$

$A$ ist die durchströmte Querschnittfläche, und die Stromdichte wird

$$j = eD(\mathrm{d}n/\mathrm{d}x). \tag{5.23}$$

Unter den hier vorliegenden Bedingungen kann die EINSTEINsche Beziehung für den Diffusionskoeffizienten verwendet werden:

$$D = \mu kT/e. \tag{5.24}$$

Die Stromdichte ist dann

$$j = \mu kT(\mathrm{d}n/\mathrm{d}x). \tag{5.25}$$

Liegt nun an einer Meßprobe eine Temperaturdifferenz von $\Delta T$ an, dann herrscht an einer Seite die Temperatur $T + \Delta T$ und an der anderen die Temperatur $T$. Für die für den Hüpfprozeß verfügbaren $\pi$-Elektronen heißt das aber, daß ihre Zahl pro Volumeneinheit $NN_0 \cdot \exp(-W_s/k[T + \Delta T])$ auf der einen, im Abstand der Probendicke $d$ auf der anderen Seite aber $NN_0 \cdot \exp(-W_s/kT)$ beträgt. $N_0$ ist die Zahl der Moleküle pro cm$^3$, $N$ die Zahl der $\pi$-Elektronen pro Molekül. In einem offenen Stromkreis ist die Gesamtstromdichte Null. Dem Diffusionsstrom muß also ein Hoppingstrom entgegenfließen. Deshalb gilt mit (5.19):

$$\mu kT(\mathrm{d}n/\mathrm{d}x) = (ne^2Nh/16mkT)\,[(L + s)^2/L^2] \times E \exp(-W_s/kT). \tag{5.26}$$

Hier wird die elektrische Feldstärke

$$E = \Delta U/d \tag{5.27}$$

erst infolge des SEEBECK-Effekts erzeugt. Eine Integration von (5.26) ergibt

$$\Delta U = \int_0^d E\,\mathrm{d}x = \{16\mu k^2T^2m/e^2Nh[(L + s)^2/L^2]\} \times \exp(W_s/kT) \int_0^d \mathrm{d}n/n. \tag{5.28}$$

Für ln $[n(d)/n(0)]$ wird der Quotient der Ladungsträgerkonzentrationen an den Stellen 0 und $d$ benötigt. Er ist

$$n(d)/n(0) \approx \exp\,(W_s \Delta T/kT)^2. \tag{5.29}$$

Schließlich findet man für den SEEBECK-Koeffizienten $S$ im Falle der Hoppingleitung

$$S_H = \Delta U/\Delta T = \{16\mu mk(L+s)^2/e^2NhL^2\}\,W_s \times \exp\,(W_s/kT). \tag{5.30}$$

Eine ähnliche Abhängigkeit läßt sich für den aktivierten Tunnelvorgang gewinnen.

## 5.5. *Bandleitung*

Organische Molekülkristalle gehören entsprechend ihrer Kristallstruktur durchweg zu den niedrigsten Symmetrieklassen vom monoklinen und triklinen Typ. Wenn wir zunächst von den Ladungsübertragungskomplexen absehen, dann sind die Bindungskräfte zwischen den Molekülen alle vom VAN-DER-WAALS-Typ. Die Überlappung der molekularen Wellenfunktionen ist auf Grund dieser schwachen Bindungskräfte nur klein. Typisch für organische Molekülkristalle ist die Ausbildung sehr schmaler Valenz- und Leitungsbänder. Soll die Leitung in einem Band der dominierende Prozeß sein, dann darf die Überlappung benachbarter Wellenfunktionen einen bestimmten Wert nicht unterschreiten, da sonst der Ladungstransport durch Resonanz zweier Wellenfunktionen zu viel Zeit erfordert und andere Prozesse wahrscheinlicher werden.

Eine der ersten Rechnungen zur Bandstruktur organischer Halbleiter wurde von LE BLANC für Anthrazen ausgeführt [5.12]. Dabei wählte er die SLATERsche Näherung für die Atomwellenfunktionen, benutzte für die Berechnung der Molekülorbitale die HÜCKELsche Näherung und bestimmte die Austauschintegrale nach HARTREE-FOCK. Diese Rechnung wurde später von KATZ, CHOI, RICE und JORTNER verfeinert [5.13], indem das Vorhandensein von zwei Molekülen in der Elementarzelle des Anthrazens berücksichtigt wurde. FRIEDMAN hat einen verallgemeinerungsfähigen Rechengang für ein raumzentriertes monoklines Gitter angegeben [5.14]. Die Rechnung ist bei bekannten Überlappungsintegralen halbquantitativ. Streuprozesse können nicht umfassend berücksichtigt werden. Die in dieser Rechnung auftretenden Temperaturabhängigkeiten erheben deshalb keinen Anspruch auf absolute Gültigkeit. Für viele organische Molekülkristalle ist es typisch, daß die zu einer Elementarzelle gehörigen Moleküle gegeneinander verkippt sind. Das erschwert die Behandlung des Gitters als reines Translationsgitter. Es läßt sich aber zeigen, daß die Gesamtwellenfunktion in zwei BLOCH-Summen entsprechend der oft vorhandenen beiden Molekülllagen darstellbar ist [5.14]. Mit Hilfe der BLOCHschen Näherung hat FRIEDMAN eine Darstellung der Energiebänder gefunden:

$$\begin{aligned} W_{\pm}(\boldsymbol{k}) = 2W_b \cos(\boldsymbol{k}\boldsymbol{b}) \pm 2W_a\{&\cos[\boldsymbol{k}(\boldsymbol{a}+\boldsymbol{b})/2] \\ &+ \cos[\boldsymbol{k}(\boldsymbol{a}-\boldsymbol{b})/2]\} \\ &\pm 2W_c\left\{\cos\left[\boldsymbol{k}\left((\boldsymbol{a}+\boldsymbol{b})/2+\boldsymbol{c}\right)\right]\right. \\ &\left.+ \cos\left[\boldsymbol{k}\left((\boldsymbol{a}-\boldsymbol{b})/2+\boldsymbol{c}\right)\right]\right\}. \end{aligned} \tag{5.31}$$

$W_b$, $W_a$, $W_c$ sind Überlappungsintegrale zwischen dem Molekül mit den Schwerpunktkoordinaten (0, 0, 0) und dem Molekül ($\boldsymbol{b}$, $(\boldsymbol{a}+\boldsymbol{b})/2$, $(\boldsymbol{c}+(\boldsymbol{a}+\boldsymbol{b})/2)$, d. h. dem nächsten Nachbarmolekül, und $\boldsymbol{k}$ ist der Wellenzahlvektor des Ladungsträgers.

KUBAREW und PONOMAREW [5.15] wandten die bis dahin an Anthrazen- und Naphthalineinkristallen erprobten Näherungsverfahren auf die Phthalozyaninkomplexe des Kupfers und des Platins an. Dabei machten sie die folgenden vereinfachenden Näherungen:

— Der Kristall ist starr, die Moleküle sind unbeweglich.

- Die Wellenfunktionen werden durch Bloch-Funktionen dargestellt.
- Die Molekülorbitale werden nach der Hückelschen Methode berechnet.
- Die Atomorbitale werden nach der Slaterschen Näherung berechnet.
- Die Überlappung der Wellenfunktionen benachbarter Moleküle wird als klein vorausgesetzt.
- Das Molekülpotential wird nach der Näherung von Goeppert-Mayer Sklar beschrieben.
- Dreizentrenintegrale zwischen zwei Molekülen werden nach der Methode von Wesselow [5.16] und Mullikan [5.17] berechnet.
- Dreizentrenintegrale mit Zentren auf drei Molekülen wurden vernachlässigt.
- Austauschglieder wurden in der Rechnung nicht berücksichtigt.

Unter diesen Voraussetzungen ergibt sich die Bandstruktur in der Form

$$W_{\pm}(\boldsymbol{abc}, \boldsymbol{k}) = W_0 + a\sum_n K_n + b\sum_n (\pm 1)^n A_n \cos(\boldsymbol{kr}_n). \tag{5.32}$$

$K_n$ ist ein Coulomb-Integral, $A_n$ ein Austauschintegral, dessen Zuordnung Abbildung 5–5 entnommen werden kann. Wie Tabelle 5–1 zeigt, sind nur die Austauschintegrale $A_3$, $A_9$ und $A_{10}$ zu berücksichtigen. Damit vereinfacht sich (5.32) wesentlich, und es ergeben sich die folgenden detaillierten Bandstrukturen

$(W = W_0 + W_{\text{Coul}} + W_{\text{Aust}})$:

Leitungsband

$$W_{\text{Aust}}(\boldsymbol{k}) = 2A_3 \cos(\boldsymbol{kb}) \pm 2A_9\left[\cos\left((\boldsymbol{a} + \boldsymbol{b})\,\boldsymbol{k}/2\right) + \cos\left((\boldsymbol{a} - \boldsymbol{b})\,\boldsymbol{k}/2\right)\right],$$

Valenzband

$$W_{\text{Aust}}(\boldsymbol{k}) = 2A_3 \cos(\boldsymbol{kb}) \pm 2A_{10}\left[\cos \boldsymbol{k}\big((\boldsymbol{a}+\boldsymbol{b})/(2+\boldsymbol{c})\big) + \cos \boldsymbol{k}\big((\boldsymbol{a}-\boldsymbol{b})/(2+\boldsymbol{c})\big)\right],$$

3*d*-Band des Kupfers

$$W_{\text{Aust}}(\boldsymbol{k}) = 2A_3 \cos(\boldsymbol{kb}). \tag{5.33}$$

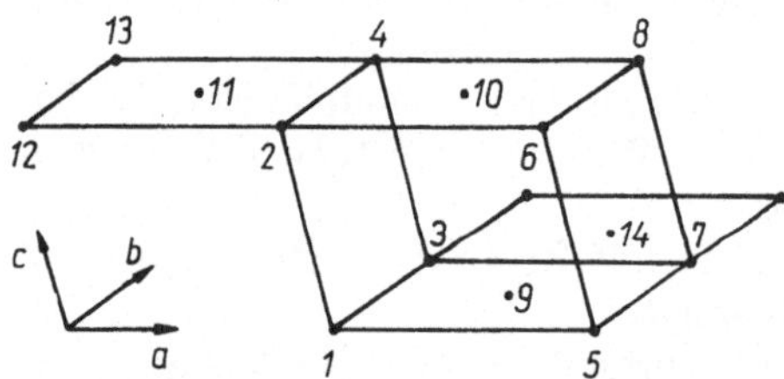


Abb. 5–5. Numerierung der nächsten Nachbarmoleküle im monoklinen Gitter des Kupferphthalozyanins für die Berechnung der COULOMB- und Austauschintegrale

Tabelle 5–1

Werte der COULOMB- und Austauschintegrale für CuPc
*e*-Band = Leitungsband
*h*-Band = Valenzband
*d*-Band = 3*d*-Elektronenüberlappung des Kupfers

| Band | $K_n$ in eV | $A_3 \cdot 10^{-4}$ in eV | $A_9 \cdot 10^{-4}$ in eV | $A_{10} \cdot 10^{-4}$ in eV |
|---|---|---|---|---|
| *e* | −0,6692 | 5,332 | 13,33 | – |
| *h* | −2,0526 | 365,242 | – | −3,0926 |
| *d* | +0,0101 | 0,001866 | – | – |

Mit Hilfe der Gleichungen (5.33) kann die Elektronendichte im Phthalozyaninmolekül berechnet werden. Es zeigt sich, daß in einem aus 32 C-Atomen aufgebauten flächenförmigen Molekül die Verteilung der $\pi$-Elektronen schon nahezu gleichförmig ist. Für Kupferphthalozyanin ergibt sich die in Abbildung 5–6 dargestellte Verteilung der $\pi$-Elektronen. In Abbildung 5-7 ist schematisch wiedergegeben, welche energetische Lage und Breite die Bänder im CuPc für die ***b***-Richtung sowie die ***a***- und ***c***-Richtung haben. Die Energielücken sind isotrop,

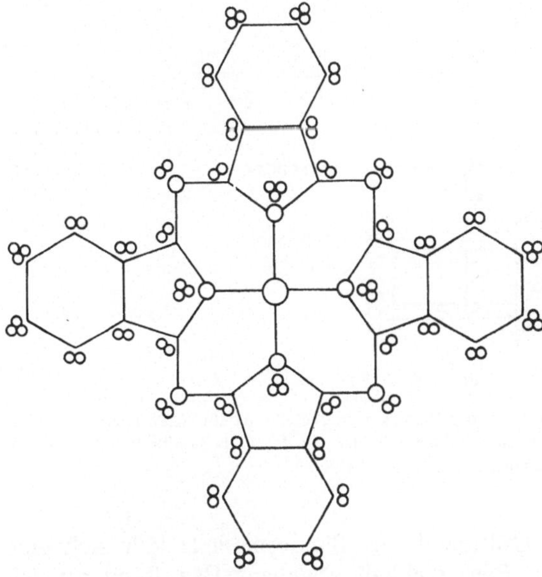


Abb. 5-6. Verteilung der $\pi$-Elektronendichte im Molekül des Kupferphthalozyanins $C_{32}N_8H_{16}Cu$

dagegen erhält man eine starke Anisotropie der Bandbreiten. Das sehr schmale $3d$-Band kann auch als Akzeptorniveau aufgefaßt werden. Diese und ähnliche Berechnungen liefern trotz vieler Mängel befriedigende Energiewerte.

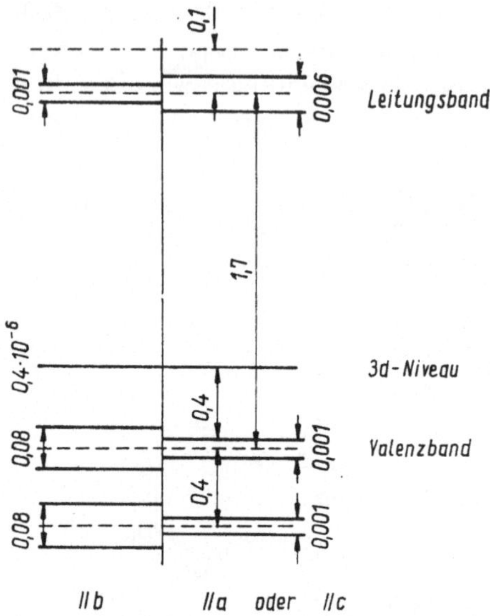


Abb. 5–7. Ergebnisse der Bandstrukturberechnung für CuPc nach [5.15]. Die energetischen Abstände der Bänder und Bandbreiten sind in eV angegeben

Für die Gültigkeit des Bändermodells läßt sich eine Grenze der Beweglichkeit angeben. Das Bändermodell verwendet grundsätzlich drei Näherungen

- die Einelektronennäherung,
- die Vernachlässigung der Multiplettstruktur am Ort des einzelnen Gitterbausteins und
- die Behandlung der Gitterschwingungen als kleine Störungen.

Joffe hat darauf hingewiesen, daß bei Beweglichkeiten $< 100\ cm^2/Vs$ die mittlere freie Weglänge der Ladungsträger kleiner als die Wellenlänge der thermischen Elektronen wird und eine Beschreibung mit dem Bändermodell wegen der Verletzung der dritten Näherungsannahme auf Schwierigkeiten stößt, da in diesem Fall eine starke Elektron-Gitter-Wechselwirkung vorliegt [5.18].

Die HEISENBERGsche Unbestimmtheitsrelation erlaubt es, eine absolute untere Grenze für die Anwendbarkeit des Bändermodells zu ermitteln. FRÖHLICH und SEWELL führten diese Rechnung aus und fanden eine kleinste mit dem Bändermodell verträgliche Beweglichkeit [5.19]. Sie benutzen die Unbestimmtheitsrelation in der Form

$$\Delta W \tau > \hbar \tag{5.34}$$

($\Delta W$ – Bandbreite, $\tau$ – Lebensdauer eines Zustandes) und die Beziehung

$$\mu = (e/kT) \langle v^2 \tau \rangle, \tag{5.35}$$

die man durch einfache Rechnung aus der Bewegungsgleichung der Ladungsträger erhält. Aus (5.34) und (5.35) folgt unter Verwendung der in einem Band der Breite $\Delta W$ möglichen maximalen Geschwindigkeit $v = v_{max} \approx \Delta W a/\hbar$, einer Beziehung, die man mit Hilfe der Orts- und Energieunschärfe eines Zustandes gewinnen kann,

$$\mu \geqq (ea^2/\hbar)\,(\Delta W/kT). \tag{5.36}$$

Nimmt man einen mittleren Gitterabstand $a = 0{,}5$ nm an, ergibt sich eine gerade noch mit dem Bändermodell verträgliche untere Grenze der Beweglichkeit

$$\mu \geqq 3 \Delta W/kT, \quad \text{in cm}^2/\text{Vs}. \tag{5.37}$$

Da Bandbreiten von $0{,}1kT$ durchaus noch beobachtet werden, ist also für schmalbandige organische Halbleiter eine untere Grenze der Beweglichkeit bei $\mu = 0{,}1$ cm²/Vs zu suchen. Das führt zu der von uns schon festgestellten Überschneidung der Geltungsbereiche von Hoppingleitung und Bandleitung. GLARUM [5.9] kommt auf anderem Wege zu einem ähnlichen Ergebnis:

$$\mu \geqq (ea^2/\hbar)\,(\hbar\omega_D/kT) \approx 1 \text{ cm}^2/\text{Vs}. \tag{5.38}$$

Dabei ist $\omega_D$ die DEBYE-Frequenz des organischen Festkörpers. Besonders interessant sind aber seine Überlegungen für eine mögliche obere Grenze der Ladungsträgerbeweglichkeit in organischen Molekülkristallen vom VAN-DER-WAALS-Typ. GLARUM geht von einem hypothetischen Gitter translationsäquivalenter Moleküle aus und wendet die Näherung stark gebundener Elektronen an, die bei organischen Stoffen den wirklichen Verhältnissen am nächsten kommt. Die maximale Beweglichkeit dürfte nach diesen Überlegungen 30 cm²/Vs nicht überschreiten. Diese Abschätzung gilt nicht, wie wir weiter unten noch sehen werden, für lineare Leiter. Bei dieser Abschätzung, die sich bisher als richtig erwiesen hat, wurden real vorliegende Gitterstörungen nicht berücksichtigt. Auch in organischen Molekülkristallen reduzieren sie die Beweglichkeit der Ladungsträger ganz erheblich. Bisher sind nur wenige organische Halbleiter mit Sicherheit über das Bändermodell zu erfassen.

## 5.6. *Mott-Modell — Gitterdefekte — Haftstellen — Dotierung*

Von MOTT stammt ein Modell, das auch seine Anwendung auf die Probleme gefunden hat, die der Anwendung des Bändermodells bei sehr niedrigen effektiven Beweglichkeiten erwachsen. Dieses Modell setzt voraus, und das ist ein vielfach gesicherter experimenteller Befund, daß den Kanten des Valenzbandes und des Leitungsbandes lokalisierte Niveaus vorgelagert sind, die mit größerer Entfernung von der Bandkante in ihrer Dichte abnehmen (Abb. 5-8). Nach wie vor können sich Ladungsträger entsprechender Energie, z. B. durch thermische oder optische Anregung erzeugt, in den Bändern aufhalten und dort mit relativ hoher Beweglichkeit zum Ladungstransport beitragen. Dagegen sind Ladungsträger, die sich auf lokalisierten Niveaus in der verbotenen Zone befinden, zunehmend unbeweglicher, weil sie sich vorwiegend durch Tunnel- oder Hoppingprozesse bewegen. Allerdings ist es auch möglich, daß in derartigen Zentren sitzende Ladungsträger ins Band hinein befreit werden.

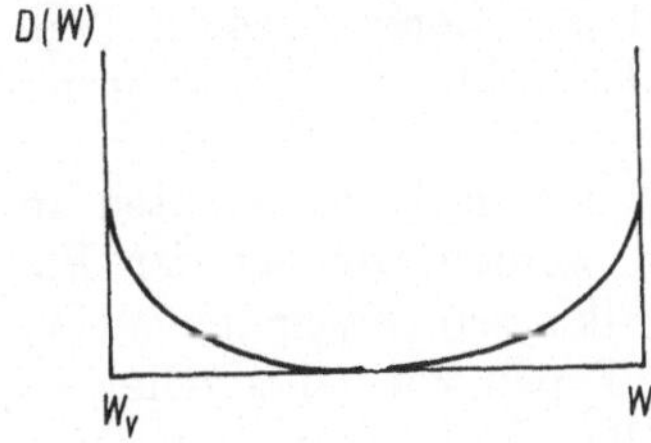


Abb. 5–8. MOTT-Modell

Man bezeichnet solche Stellen des Festkörpers als Haftstellen. In den räumlich und energetisch verteilten Haftstellen halten sich Ladungsträger längere Zeit auf, ehe sie wieder am Ladungstransport teilnehmen oder rekombinieren. Als flache Haftstellen bezeichnet man solche, die in unmittelbarer Nachbarschaft der Bandkanten liegen und deshalb thermisch leicht angeregt werden können. Alle Haftstellen, die energetisch um mehr als einige $kT$ von den Bandkanten entfernt liegen, sind tiefe Haftstellen. Die Leitfähigkeit derartiger Festkörper kann nicht mehr durch eine einheitliche Beweglichkeit beschrieben werden, sondern es ist erforderlich, zumindest eine grobe Einteilung der Ladungsträger in verschiedene Kategorien vorzunehmen. Diese können sich dann nach verschiedenen Mechanismen verhalten. Die energetische Grenze, wo Bandleitung aufhört, wird auch als Beweglichkeitskante bezeichnet. Haftstellentiefen, das heißt die energetischen Abstände der Haftstellen im Energieschema von den Bandkanten, sind keine unter allen Bedingungen feststehenden Größen. Zum Beispiel wirkt ein äußeres elektrisches Feld auf die Haftstellentiefe reduzierend ein. Ein derartiger Mechanismus wird bei hohen Feldstärken als POOLE-FRENKEL-Effekt bezeichnet. Ein am Ort der Haftstelle wirkendes Feld $E_{\text{lok}}$ reduziert die Haftstellentiefe $\Delta W_{\text{H}}$ zu $\Delta W_{\text{H}} - (e^3 E_{\text{lok}}/\pi\varepsilon\varepsilon_0)^{1/2}$; $\varepsilon\varepsilon_0$ ist die Dielektrizitätskonstante. Durch eine räumlich sehr hohe Dichte von lokalisierten Zuständen kommt es zu einer mehr oder weniger starken Erniedrigung der zwischen ihnen liegenden Barrieren; das kann eine starke Erhöhung der effektiven Beweglichkeit in einem schmalen Energiebereich in der verbotenen Zone auslösen (vgl. dazu das $3d$-Niveau mit Bandcharakter in Richtung der $\boldsymbol{b}$-Achse Abb. 5–7).

Auf wichtige Besonderheiten von Gitterdefekten in organischen Molekülkristallen werden wir bei der Behandlung der einzelnen Stoffklassen näher eingehen. Bei einer Übersicht über die Typen von Gitterdefekten in organischen Molekülkristallen kann man sich zwar an die übliche Einteilung anlehnen, muß aber gleichzeitig Besonderheiten des molekularen Aufbaus mit berücksichtigen. Folgende Einteilung erscheint sinnvoll und zweckmäßig:

- Phononen,
- Exzitonen, Exzimere und ihre Anregungszustände,
- molekulare Leerstellen,
- Fremdmoleküle in der Stapelfolge, meist unter Beteiligung von den Wirtsmolekülen chemisch und sterisch ähnlichen Molekülen,
- Stapelabbrüche, Stapelstörungen, Störungen in der Zuordnung von Nachbarstapeln,
- Versetzungen,
- Zwillingsbildung.

Da sich für den Bau von Molekülkristallen fast durchgängig das Prinzip der Ausbildung von kartenstoßähnlichen Molekülstapeln erkennen läßt, Stapelrichtung und Molekülachse fallen dabei nur selten zusammen (s. Abb. 5–9), sind Gitterstörungen, die von der exakten Stapelung abweichen, besonders häufig und wesentlich.

Um vorhandene Defekte nach ihrem Typ und ihrer Dichte erfassen zu können, bedient man sich vor allem der Methoden der

- direkten optischen Beobachtung,
- Elektronen-, Feldelektronen- und Feldionenmikro-

skopie, auch unter Zuhilfenahme der Dekorierung und verschiedener Rasterverfahren,
- Röntgentechnik,
- Ätztechnik und
- Untersuchung mit Ultraschall.

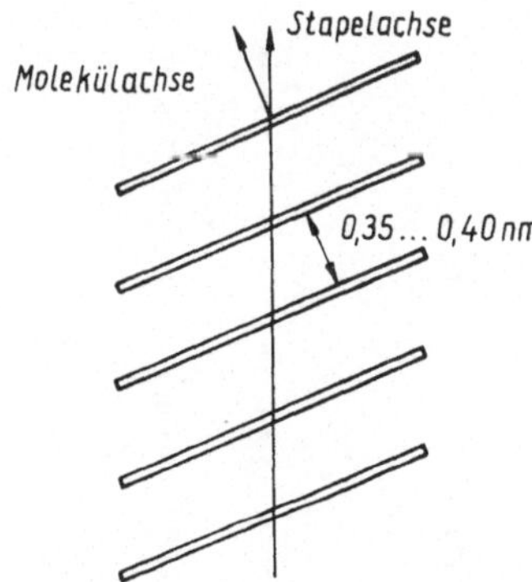


Abb. 5–9. Schnitt durch einen Molekülstapel

Durch die Entwicklung des Gesamtgebietes stimuliert, entwickelt sich in den letzten Jahren auch der Nachweis von Gitterdefekten auf der organischen Strecke vorteilhaft [5.20]. Gezielte Dotierungen von organischen Molekülkristallen sind durch den Einbau von sterisch und chemisch ähnlichen Molekülen in das Wirtsgitter möglich. Es stört z. B. den Gitteraufbau nur wenig, wenn man Moleküle mit demselben Grundgerüst verwendet. Das ist sehr schön durchführbar bei den Phthalozyaninen, die eine Fülle von Metallkomplexen bilden, wobei jedesmal nur das zentrale Metallatom durch ein Atom oder eine Atomgruppe ersetzt wird (s. dazu die Übersicht in Tabelle 5–2). In dieser Zusammenstellung ist auch angedeutet, daß man mit verschiedenen Elementen den äußeren Makroring entsprechend abwandeln kann. In jedem Fall einer solchen molekularen Dotierung kommt es zu gravierenden Änderungen in den elektrischen Eigenschaften, wobei die erwarteten Grundtendenzen

Tabelle 5–2

Zusammenstellung der bisher synthetisierten Phthalozyaninkomplexe

| | I | II | III | IV | V | VI | VII | VIII | | | O |
|---|---|---|---|---|---|---|---|---|---|---|---|
| 1 | H ● | | | | | | | | | | He |
| 2 | Li ● | Be ● | B | + C | + N | + O | + F | | | | Ne |
| 3 | Na ● | Mg ● | ● Al | ● Si | P | + S | + Cl | | | | Ar |
| 4 | K ● | Ca ● | Sc ● | Ti ● | V ● | Cr ● | Mn ● | Fe ● | Co ● | Ni ● | |
| | ● Cu | ● Zn | ● Ga | ● Ge | ● As | Se | + Br | | | | Kr |
| 5 | Rb | Sr | Y ● | Zr ● | Nb | Mo ● | Tc | Ru ● | Rh ● | Pd ● | |
| | ● Ag | ● Cd | ● In | ● Sn | ● Sb | Te | + J | | | | Xe |
| 6 | Cs | Ba ● | La ● | Hf ● | Ta | W ● | Re | Os ● | Ir | Pt ● | |
| | Au | ● Hg | Tl | ● Pb | Bi | Po | At | | | | Rn |
| 7 | Fr | Ra | Ac | | | | | | | | |
| zu | Ce | Pr ● | Nd ● | Pm | Sm ● | Eu ● | Gd ● | Tb ● | Dy ● | Ho ● | Er ● |
| 6 | Tm ● | Yb ● | Lu ● | | | | | | | | |
| zu | Th ● | Pa | U ● | Np | Pu | Am | Cm | Bk | Cf | Es | Fm |
| 7 | Md | No | Lw | | | | | | | | |

● Phthalozyaninkomplex bekannt

\+ Element zur Modifizierung der Eigenschaften

auftreten, daß die Dotierung überwiegend Ladungsträgerlieferant ist und als Streuzentrum die Ladungsträgerbeweglichkeit deutlich reduziert.

## 5.7. *Beschreibung der Leitungsvorgänge in realen organischen Halbleitern*

Es ist vielfältig mit Erfolg praktiziert worden, wesentliche aus der Halbleiterphysik her bekannte Gleichungen und Konzeptionen kritisch zu übernehmen. Das trifft vor allem auf das Konzept der effektiven Masse, der Donator- und Akzeptorzentren, der Zustandsdichte, der starken Bindung der Elektronen an den Gitterbaustein, hier allerdings molekularen Gitterbaustein, und die verschiedensten Lösungen der BOLTZMANN-Transportgleichung zu. Da es sich bei organischen Halbleitern meist um nichtentartete Halbleiter handelt, finden wir für die Fälle, in denen Bandleitung vorliegt, die Ladungsträgerkonzentration für Eigenleitung

$$n = n_0 \cdot \exp\left[-(W_c - W_F)/kT\right];$$
$$n_0 = 2(2\pi m_n^* kT/h^2)^{3/2}; \qquad (5.39)$$
$$n_0/\mathrm{cm}^{-3} = 2{,}5 \cdot 10^{19}(m_n^*/m)^{3/2}(T/300\ \mathrm{K})^{3/2}.$$

Da auch die Defektelektronenkonzeption voll übertragen werden kann, ergibt sich für die Leitfähigkeit eines Eigenleiters ($n = p$)

$$\sigma = en\mu_n + ep\mu_p, \qquad (5.40)$$
$$p = p_0 \cdot \exp\left[(W_v - W_F)/kT\right]. \qquad (5.41)$$

Die Lage des FERMI-Niveaus ist dabei

$$W_F = (W_c + W_v)/2 + (3kT/4)\ln(m_p^*/m_n^*). \qquad (5.42)$$

In obigen Gleichungen bedeuten $W_c$ und $W_v$ die Unterkante des Leitungsbandes bzw. die Oberkante des Valenzbandes, $m_n^*$ und $m_p^*$ die effektive Masse der Elektronen bzw. der Defektelektronen, $n$ und $p$ die Konzentration der Elektronen bzw. der Defektelektronen, $\mu_n$ und $\mu_p$ die Beweglichkeit der Elektronen bzw. der Defektelektronen.

Liegt der einfache Fall des Einbaus einer einzelnen einwertigen Donatorstörstelle mit der Konzentration $N_D$ und der energetischen Lage $W_D$ innerhalb der verbotenen Zone vor, dann gilt mit $p \ll n$, also bei Störstellendominanz im Gebiet der Störstellenreserve

$$n = (N_D n_0/2)^{1/2} \cdot \exp\left[-(W_c - W_D)/2kT\right]. \quad (5.43)$$

Eine völlig äquivalente Formel erhält man für ein diskretes Akzeptorniveau, wenn man $N_D$ durch $N_A$, $n_0$ durch $p_0$ und $W_c - W_D$ durch $W_A - W_v$ ersetzt. Im Bereich der Störstellenerschöpfung gilt einfach $n = N_D$, $p = N_A$ bzw. $n = N_D - N_A$. Die letzte Beziehung ist schon ein Ergebnis der Betrachtung eines kompensierten Störstellenhalbleiters. Liegen also Donatorniveaus und Akzeptorniveaus gleichzeitig vor, dann ergibt sich für die besondere Bedingung $N_D > N_A$ im Gebiet der Störstellenreserve

$$n = [n_0(N_D - N_A)/2N_A] \cdot \exp\left[-(W_c - W_D)/kT\right]. \quad (5.44)$$

Muß allerdings auch die Band-Band-Anregung mit Berücksichtigung finden, dann gilt

$$n = [n_0(N_D - N_A)/2]^{1/2} \cdot \exp\left[-(W_c - W_D)/2kT\right]. \quad (5.45)$$

Man hat also prinzipiell den in Abbildung 5–10 dargestellten Verlauf der Temperaturabhängigkeit der Ladungsträgerdichte zu erwarten.

Im Rahmen dieser einfachen Überlegungen wird man annehmen können, daß vor allem Streuprozesse der Ladungsträger an Gitterschwingungen und an geladenen Störstellen die Beweglichkeit der Ladungsträger reduzieren. Geht man nun von der nützlichen Beziehung

$$\mu = 4el/3(2\pi m^* kT)^{1/2} \quad (5.46)$$

aus und betrachtet den Streuvorgang an Gitterschwingungen, dann erhält man schon durch eine recht simple Überlegung die richtige Temperaturabhängigkeit der Beweglichkeit. Man kann ansetzen, daß sich der Bewegung

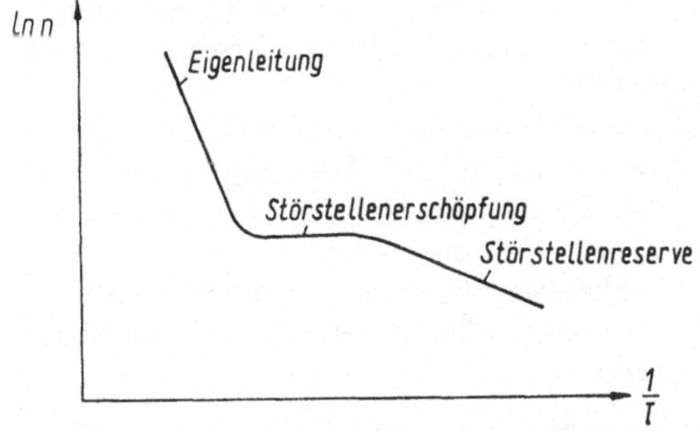


Abb. 5-10. Temperaturabhängigkeit der Ladungsträgerdichte in einem nichtentarteten, kompensierten Halbleiter

des Ladungsträgers die Molekülfläche hindernd in den Weg stellt, die durch thermische Schwingungen zusätzlich im zeitlichen Mittel auftritt. Diese Fläche $\Delta A$ ist der Molekülmasse $M$ umgekehrt und der Temperatur direkt proportional, $\Delta A \sim T/M$. Die mittlere freie Weglänge $l$ der Ladungsträger muß nun ihrerseits umgekehrt proportional zu dieser streuenden Fläche anwachsen. Deshalb ergibt sich schließlich mit (5.46) für die Temperaturabhängigkeit der Beweglichkeit unter Wirkung allein der Gitterschwingungen

$$\mu \sim T^{-3/2} M . \tag{5.47}$$

Setzen wir dagegen die praktisch sehr wichtige Streuwirkung ionisierter Fremdmoleküle allein voraus, dann folgt

$$\mu \sim T^{3/2} Z^2 . \tag{5.48}$$

Dieses Ergebnis erhält man, wenn man eine RUTHERFORD-Streuung an einem geladenen Zentrum $Ze$ annimmt. Bekanntlich ist der Streuquerschnitt der RUTHERFORD-

Streuung $\sim Z^2/v^4 \sim Z^2/T^2$ (s. z. B. [5.21]), und man erhält in diesem Falle mit $l \sim T^2/Z^2$ und (5.46) das obige Ergebnis. Anhand der Temperaturabhängigkeit der Beweglichkeit läßt sich der vorwiegende Bandleitungscharakter eines organischen Festkörpers von vorwiegendem Hopping- bzw. aktiviertem und normalem Tunnelungscharakter der Leitungsprozesse unterscheiden (vgl. mit (5.15) und (5.19)).

Weitere wichtige Gleichungen im Rahmen des Bändermodells wollen wir ohne nähere Ableitung geben. Das ist vor allem die Beziehung für die HALL-Konstante $R = E_y/j_x H_z$, $H_z$ ist die magnetische Feldstärke, $E_y$ die elektrische Feldstärke, die an der Meßprobe auftritt, und $j_x$ die Stromdichte, alles in einem rechtwinkligen Koordinatensystem,

$$R = -(3\pi/8en)\,(\mu_n - \mu_p)/(\mu_n + \mu_p). \qquad (5.49)$$

Formel (5.49) gilt bei Nichtentartung im Eigenleitungsgebiet, wenn vorwiegend Einphononenstreuung der Ladungsträger vorliegt. Für Störstellenleitung gilt bei $n$-Leitung bzw. $p$-Leitung:

$$R_n = -3\pi/8en \quad \text{bzw.} \quad R_p = 3\pi/8ep. \qquad (5.50)$$

Auch eine weitere Meßgröße gestattet es, relativ einfach die Art der Majoritätsträger zu ermitteln; deshalb wollen wir hier ferner einige Beziehungen für die differentielle Thermospannung (den SEEBECK-Koeffizienten) $S$ zusammenstellen. Für einen Eigenleiter gilt

$$S = -(k/e)\,\{n\mu_n[2 + (W_F/kT)] - p\mu_p[2 + (W_c - W_F)/kT]\}/(n\mu_n - p\mu_p). \qquad (5.51)$$

In guter Näherung wird daraus mit $W_c - W_F \approx (W_c - W_v)/2$, $n = p$ und $\mu_n/\mu_p = b$:

$$S = -(k/e)\,\{(b-1)/(b+1)\}\,[(W_c - W_v)/2kT + 2]. \qquad (5.52)$$

Bestimmen Akzeptorniveaus allein die Ladungsträgerkonzentration, dann wird

$$S = (k/e)\,[2 + (1/2)\ln(p_0/N_A) + W_A/2kT]. \qquad (5.53)$$

Eine ganz ähnliche Formel ergibt sich für das alleinige Wirken eines diskreten Donatorniveaus, wenn man in (5.53) $N_A$ durch $N_D$, $p_0$ durch $n_0$, $W_A$ durch $W_D$ und (—) durch (+) ersetzt.

## 5.8. *Raumladungsbegrenzte Ströme — Injektionsströme*

Da man bei vielen organischen Halbleitern auf Grund ihrer Hochohmigkeit auch von Halbisolatoren sprechen kann, treten an einer mit zwei Metallkontakten versehenen Meßprobe der Struktur MIM bzw. MSM (M — Metall, S — Halbleiter, I — Isolator) an den Grenzflächen enorme Ladungsträgerkonzentrations-Gradienten auf. Unter der Wirkung eines elektrischen Feldes können Ladungsträger aus dem Elektrodenmaterial in den hochohmigen Halbleiter injiziert werden. Man bezeichnet diesen Vorgang als SCHOTTKY-Emission. Das Wesen dieses Effektes läßt sich erfassen, wenn man sich klar macht, daß jede Ladung, die zufällig oder durch ein elektrisches Feld forciert vom Metall in den schlecht leitenden Festkörper übertritt, im emittierenden Metall durch Umverteilung der Ladungsträger eine Bildladung entgegengesetzten Vorzeichens erzeugt. Das mit einem derartigen makroskopischen Dipolmoment verbundene Bildkraftpotential erniedrigt die Barriere $W_0$ an der Grenzfläche Metall/organischer Halbleiter, die sonst das Ausfließen von Ladungsträgern verhindert, wie

$$W_{\mathrm{Sch}} = W_0 - (e^3 E/4\pi\varepsilon\varepsilon_0)^{1/2}. \qquad (5.54)$$

Um eine Vorstellung von der absoluten Größe dieser Erniedrigung zu gewinnen, geben wir für einen typischen Wert für die relative Dielektrizitätskonstante $\varepsilon$ den

Quadratwurzelterm in (5.54) $\Delta W_E = 0{,}22 E^{1/2}$ eV ($E$ in MV/cm). Da die Feldverteilung an einer MIM-Probe keinesfalls linear über der Probendicke ist, d. h., da sich das angelegte Feld insbesondere auf die elektrodennahen Bereiche beim Einschalten konzentriert, erfolgt etwa ab $E = 5 \cdot 10^5$ V/cm eine völlig ausreichende Nachlieferung von Ladungsträgern aus den Kontakten. Man kann nun von bestimmten Feinheiten im Kontaktbereich abstrahieren und diese als ohmschen Kontakt bezeichnete Elektrode als ein Reservoir unendlich hoher Ladungsträgerkonzentration auffassen, in dessen unmittelbarer Umgebung im stationären Zustand die elektrische Feldstärke $E = 0$ ist. Daß unter diesen Bedingungen durch die Probe nicht ein sehr hoher Strom fließt, hat andere Ursachen, die es näher zu untersuchen gilt.

Da ein hochohmiger Festkörper die einfließende Ladung nicht oder nur unzureichend kompensieren kann, entsteht in seinem Volumen eine Raumladung, die ähnlich wie in einer Vakuumdiode auf den Stromfluß von Elektrode zu Elektrode begrenzend wirkt. Der einfachste Fall, der zugrunde gelegt werden kann, ist der haftstellenfreie Festkörper, der selber in einem Zustand gehalten wird (tiefe Temperatur, Dunkelheit), in dem er keine eigenen Ladungsträger aufweist. In einem solchen Fall fließt ein Strom

$$j = n(x)\, e\mu E - De(\mathrm{d}n/\mathrm{d}x). \qquad (5.55)$$

Hierin ist $x$ die Ausdehnung der Meßprobe in einer Richtung senkrecht zu den Elektrodenflächen, $n(x)$ die durch Injektion hervorgerufene ortsabhängige Ladungsträgerkonzentration im Probenvolumen, $D$ der Diffusionskoeffizient der Ladungsträger, $e$ die Elementarladung und $\mu$ die Beweglichkeit der Ladungsträger. Die Zuhilfenahme der POISSON-Gleichung

$$\mathrm{d}E/\mathrm{d}x = n(x)\, e/\varepsilon\varepsilon_0 \qquad (5.56)$$

führt auf

$$j = \varepsilon\varepsilon_0[\mu E(\mathrm{d}E/\mathrm{d}x) - D(\mathrm{d}^2E/\mathrm{d}x^2)]. \qquad (5.57)$$

Der Diffusionsstromanteil in (5.57) kann vernachlässigt werden, wenn der Einfluß der Raumladung am injizierenden Kontakt unberücksichtigt bleibt, d. h., man verwendet eine Randbedingung $n(0) \to \infty$. Genauere Untersuchungen zeigen, daß diese Näherung vertretbar ist. Aus (5.57) erhält man so

$$j = \varepsilon\varepsilon_0\mu(\mathrm{d}E^2/\mathrm{d}x)/2,$$

und die Feldstärkeverteilung wird

$$E = (2jx/\varepsilon\varepsilon_0\mu)^{1/2}.$$

Daraus folgt durch weitere Integration sofort das CHILDsche Gesetz für einen Elektrodenabstand $d$:

$$j_c = (9/8)\,\varepsilon\varepsilon_0\mu U^2/d^3. \tag{5.58}$$

Erweitern wir diesen Ansatz dadurch, daß jetzt thermisch erzeugte Ladungsträger der Konzentration $n'$ von vornherein vorhanden sein sollen, dann geht dem quadratischen Anstieg der Strom-Spannung-Kennlinie ein ohmscher Anstieg $j_\Omega = en'\mu E$ voraus (s. Abb. 5–11). Ist ein einzelnes diskretes Elektronenhaftstellenniveau im Festkörper vorhanden, wird das CHILDsche Gesetz modifiziert:

$$\begin{aligned} j_{c\Theta} &= (9/8)\,\varepsilon\varepsilon_0\mu\Theta U^2/d^3, \\ \Theta &= (n_0/N_H)\cdot\exp[(W_H - W_c)/kT]. \end{aligned} \tag{5.59}$$

Bei steigender Injektion von Ladungsträgern wird das FERMI-Niveau in Richtung zum leitenden Band verschoben. Es wird ein Bereich der Strom-Spannung-Kennlinie erreicht, wo alle Haftstellen gefüllt sind und praktisch der ungestörte CHILDsche Strom fließen kann. Die Stromdichte nimmt bei einer Spannung $U_{HC}$ um einen Faktor $\Theta^{-1}$ sprunghaft zu,

$$U_{HC} \approx eN_H d^2/2\varepsilon\varepsilon_0. \tag{5.60}$$

In obigen Gleichungen bedeutet $N_H$ die Konzentration und $W_H$ die Lage der Haftstelle in der verbotenen Zone.

Bei anderen konkreten Fällen führen Abschätzungen zum Ziel, die vor allem die jeweilige Position des Fermi-Niveaus zu Rate ziehen. Wenn dagegen eine kontinuier-

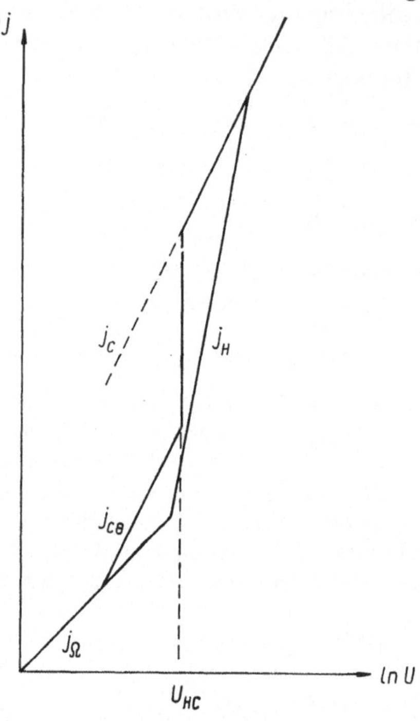


Abb. 5–11. Strom-Spannung-Kennlinien für verschiedene Fälle der Raumladungsbeschränkung

liche Haftstellenverteilung etwa der Form

$$h(W) = (H/kT_c) \cdot \exp\left[-(W_c - W)/kT_c\right] \quad (5.61)$$

in der verbotenen Zone auftritt, dann bewegt sich das Fermi-Niveau ständig innerhalb dieser energetischen Haftstellenverteilung, und seine Lage kann näherungsweise mit

$$W_c - W_F = kT_c \cdot \ln\left[(eHd^2/\varepsilon\varepsilon_0 U)\,(l+1)^2/l\,(2l+1)\right] \quad (5.62)$$

beschrieben werden. Wir haben hier wieder den Fall des Elektroneneinfangs untersucht, dabei ist $H$ die Gesamtkonzentration der Haftstellen in der verbotenen Zone, wenn die Verteilung tatsächlich alle Energiebereiche der Energielücke erfaßt. Das ist in praktischen Fällen meist nicht der Fall, da energetische Haftstellenverteilungen durch Wechselwirkung einiger diskreter Niveaus hoher räumlicher Dichte in einem beschränkten Energiebereich entstehen. $T_c$ ist ein Parameter, der über die Steilheit der Haftstellenverteilung Auskunft gibt:

$$T_c = 1/k(\mathrm{d}\,[\ln h]/\mathrm{d}W). \tag{5.63}$$

Wie in der folgenden Gleichung, die Auskunft über die Stromdichte in diesem Spezialfall einer Raumladungsbegrenzung gibt, ist $l = T_c/T$:

$$j_{\mathrm{H}} = n_0 \mu e \left(\frac{\varepsilon\varepsilon_0{}^0}{eH(l+1)}\right)^l \left(\frac{2l+1}{l+1}\right)^{l+1} \left(\frac{U^{l+1}}{d^{2l+1}}\right). \tag{5.64}$$

Schließlich geben wir das Ergebnis der Berechnungen für eine homogene Haftstellenverteilung $h(W) = h_0$ an. Die Stromdichte wird

$$j_{h_0} = (9/8)\,(\varepsilon\varepsilon_0 \mu U/d^2)\,(n_0 e/C) \cdot \exp\,(CU/h_0 ekTd), \tag{5.65}$$

wobei $C$ die Kapazität der Meßprobe ist. Weitere Besonderheiten raumladungsbegrenzter Ströme unter Einbeziehung räumlicher Konzentrationsunterschiede und der Doppelinjektion sind in einer umfangreichen Spezialliteratur niedergelegt (s. z. B. [5.22]). Es sei darauf hingewiesen, daß sich die Größe $b$ in den Formeln für die differentielle Thermospannung (5.51) und (5.52) grundsätzlich ändern kann, wenn Haftstellen im Festkörper im Spiel sind. Wir wollen das für den einfachen Fall des Vorhandenseins von Elektronenhaftstellen in einem Eigenleiter erläutern. Dann gilt $p' = p$, $\mu_p' = \mu_p$, aber $\mu_n' = \mu_n(n - n_H)/n$. Durch den Einfang von Ladungsträgern in Haftstellen mit der Besetzungskonzentration $n_H$ stellt sich eine effektive Beweglichkeit $\mu_n'$ der Elektronen ein. Die Größe $n_H$ läßt sich leicht berechnen, z. B. gilt für die exponentielle Haftstellenverteilung (5.61)

$$n_H \approx (H/kT_c) \int_{W_V}^{W_F} \exp\left[-(W_c - W)/kT_c\right] dW .$$

Die effektive Beweglichkeit kann so leicht sehr viel kleiner als die sonst vorhandene Beweglichkeit werden. Es ist an dieser Stelle insbesondere darauf hinzuweisen, daß aus Messungen nur der effektiven Beweglichkeit nicht entschieden werden kann, ob eine Verträglichkeit des Leitungsmechanismus z. B. mit dem Bändermodell vorliegt. Außerdem sei noch einmal hervorgehoben, daß durch die Injektion von Ladungsträgern auch in sonst nahezu isolierenden Festkörpern bei hohen elektrischen Feldstärken relativ hohe Ströme der Größenordnung mA/cm² fließen.

## *5.9. Photoleitung*

Auch für viele organische Halbleiter ist Photoleitung eine typische Erscheinung. Wir werden weiter unten zeigen, daß auf diesem Gebiet besonders aussichtsreiche Anwendungen existieren. Wird ein Photoleiter mit Licht bestrahlt, das er in angemessener Weise absorbieren kann, dann erhöht sich durch die direkte Elektron-Photon-Wechselwirkung oder über den Umweg von Anregungszuständen im Gitter, z. B. über Exzitonen, indirekt die Konzentration der Ladungsträger. Man erhält eine Zunahme der Leitfähigkeit

$$d\sigma = e(\mu_n \, dn + \mu_p \, dp) . \quad (5.66)$$

Sie gilt für die einfacheren Fälle, in denen die Beweglichkeit der Ladungsträger durch die Lichteinstrahlung nicht verändert wird. Jeder der zusätzlichen Konzentrationsanteile $dn$ und $dp$ folgt in seinem Gleichgewichtswert einem Wechselspiel von Ladungsträgererzeugung

(Generation) und Ladungsträgerrekombination

$$(\partial\, \mathrm{d}n/\partial t)_\mathrm{g} = (\partial\, \mathrm{d}n/\partial t)_\mathrm{r}. \tag{5.67}$$

In einen Festkörper eingestrahltes Licht der Intensität $I$ wird nach dem LAMBERT-BEERschen Absorptionsgesetz

$$I(x) = I_0 \cdot \exp(-Kx) \tag{5.68}$$

absorbiert. Um die Darlegungen durchsichtiger zu halten, wollen wir monochromatisches Licht voraussetzen. Dann ist $Q = I/h\nu$ die Quantenflußdichte. In der Tiefe $x$ im Festkörper stehen pro Sekunde und Kubikzentimeter $KQ(x) = KI(x)/h\nu$ absorbierte Photonen zur Verfügung. Man bezeichnet nun als Quantenausbeute $q$ das Verhältnis der Zahl der erzeugten Ladungsträger zur Zahl der absorbierten Lichtquanten und erhält schließlich

$$(\partial\, \mathrm{d}n/\partial t)_\mathrm{g} = qKQ(x). \tag{5.69}$$

Spektrale Verteilungen lassen sich aus Anteilen der Form (5.69) aufbauen. Die zusätzlich erzeugten Ladungsträger oder Nichtgleichgewichtsladungsträger gehen dem Leitungsprozeß nach einer mittleren Lebensdauer $\tau$ durch Band-Band-Rekombination oder Rekombination über lokalisierte Zentren verloren:

$$(\partial\, \mathrm{d}n/\partial t)_\mathrm{r} = \mathrm{d}n/\tau_\mathrm{n}. \tag{5.70}$$

Wird das Licht in einer dickeren Probe schon in einer dünnen Schicht an der Oberfläche absorbiert, stellt sich ein räumlich inhomogene Zusatzkonzentration ein:

$$\mathrm{d}n(x) = \mathrm{d}n(0) \cdot \exp(-x/L). \tag{5.71}$$

$L$ ist hierbei die Diffusionslänge. Da nun bei bipolarer Generation oft die Diffusionskonstanten von Elektronen und Defektelektronen differieren, wird die Neutralitätsbedingung im Photoleiter dadurch erfüllt, daß sich ein elektrisches Feld in Richtung der Konzentrationsgradienten der Nichtgleichgewichtsträger aufbaut. An einer entsprechend (5.71) absorbierenden Probe kann die

DEMBER-Spannung

$$U_D = (kT/e)\,[(\mu_n - \mu_p)/(n\mu_n + p\mu_p)]\,[dn(0) - dn(d)] \tag{5.72}$$

gemessen werden.

Bei linearer Rekombination gilt mit (5.69) und (5.70) einfach

$$dn = qKQ\tau\,, \tag{5.73}$$

und diese Konzentration von Nichtgleichgewichtsladungsträgern wird beim Einschalten des Lichts zum Zeitpunkt $t_0$ aufgebaut wie

$$dn(t) = dn\big[1 - \exp\big(-(t - t_0)/\tau\big)\big] \tag{5.74}$$

und nach Ausschalten des Lichts bei $t = t_1$ abgebaut nach

$$dn(t) = dn \cdot \exp\big(-(t - t_1)/\tau\big).$$

Aus An- und Abklingkurven kann die Lebensdauer der Nichtgleichgewichtsladungsträger bestimmt werden. Das ist auch möglich, wenn man moduliertes Licht der Art $I = I_1 \cdot \cos \omega t + I_0$ verwendet. Man findet dann einen Wechselstromanteil

$$\begin{aligned} d\sigma(\omega) &= e\mu\, dn_1[\cos(\omega t - \varphi)/(1 + \omega^2\tau^2)^{1/2}]\,,\\ \varphi &= \arctan \omega\tau\,. \end{aligned} \tag{5.75}$$

Um gut auswertbare Meßergebnisse zu erhalten, sollte man bei SANDWICH-Anordnungen, die durch eine lichtdurchlässige Elektrode hindurch beleuchtet werden, die Schichtdicke des Photoleiters so klein halten, daß $Kd \ll 1$ gilt. Auf diese Weise ist eine nahezu homogene

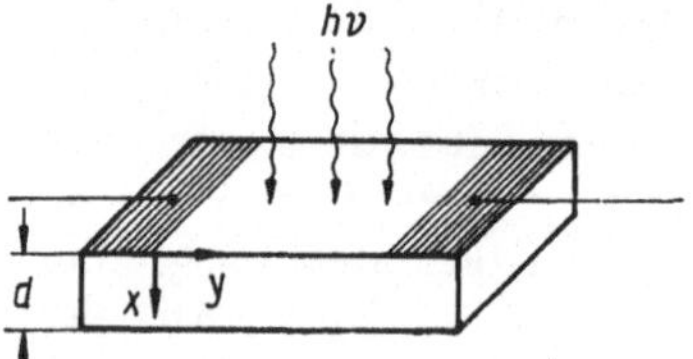


Abb. 5-12. Laterale Anordnung zur Bestimmung der Photoleitfähigkeit

Ladungsträgerkonzentration im Photoleiter gesichert. Verwendet man eine Kontaktierung der Meßprobe, wie sie in Abbildung 5-12 gezeigt ist, dann kann man sich den Leitungspfad aus Anteilen der Dicke d$x$ mit der Leitfähigkeit d$\sigma(x)$ zusammengesetzt denken. Also gilt für die gesamte Probe in $y$-Richtung:

$$\begin{aligned}\Delta\sigma &= (e\mu Kq/\tau h\nu) \int_0^d I_0 \cdot \exp(-Kx) \\ &= (e\mu KqI_0/\tau h\nu)\,[1 - \exp(-Kd)]. \\ &\approx (e\mu KqI_0/\tau h\nu). \end{aligned} \tag{5.76}$$

Der letzte einfache Ausdruck läßt sich immer dann verwenden, wenn die Meßprobe so dick ist, $Kd \gg 1$, daß alles auftreffende Licht in ihr absorbiert wird.

Einige interessante Beziehungen für den Einfluß von Haftstellen auf die Photoleitfähigkeit in organischen Halbleitern gibt HELFRICH an [5.23]. Liegt eine exponentielle Haftstellenverteilung der Form (5.61) vor, wird der Photostrom:

$$j_{\mathrm{phH}} = (9/8)\,(\varepsilon\varepsilon_0\mu/H) n^{1/l} \big(C(\lambda)/v\big)^{1-1/l} I_0{}^{1-1/l} (U^2/d^3), \tag{5.77}$$

und für eine homogene Haftstellenverteilung gilt

$$\begin{aligned} j_{\mathrm{phh_0}} = (9/8)\,(\varepsilon\varepsilon_0\mu/h_0)\,\big[C(\lambda)/v(W_{\mathrm{F}} + kT) \ln \big(C(\lambda)\, I_0/nv\big)\big] \\ \times I_0(U^2/d^3). \end{aligned} \tag{5.78}$$

Hierin ist $C(\lambda)$ ein Faktor, der der spektralen Verteilung der Quantenausbeute proportional ist, $v$ die mittlere thermische Geschwindigkeit der Ladungsträger, und im übrigen gilt die Bezeichnungsweise von Abschnitt 5.8. Die Formeln (5.77) und (5.78) gelten für nicht zu hohe Lichtintensitäten, bei denen die Befreiung der Ladungsträger aus Haftstellen vorwiegend in einem schmalen Energiebereich um das FERMI-Niveau $W_{\mathrm{F}}$ erfolgt. Dabei wird vorausgesetzt, daß die Generation über den Umweg der Erzeugung von Exzitonen erfolgt. Typisch sind die quadratischen Spannungsabhängigkeiten, die auf eine Modifizierung des CHILDschen Gesetzes (5.58) hinauslaufen. Im ohmschen Anstiegsgebiet der Kennlinien fand dagegen ROSE bei Vorhandensein einer exponentiellen Haftstellenverteilung:

$$j_{\mathrm{ph}\Omega} = e\mu(qKQ/vsH)^{(l/l+1)}\, n_0^{1/(l+1)} U/d. \qquad (5.79)$$

Hier bedeutet $s$ den Einfangquerschnitt der Haftstellen. Bei einer Kombination von Photogeneration und Hoppingleitung bzw. aktiviertem Tunneln ist die Photoleitung insgesamt ein thermisch aktivierter Prozeß.

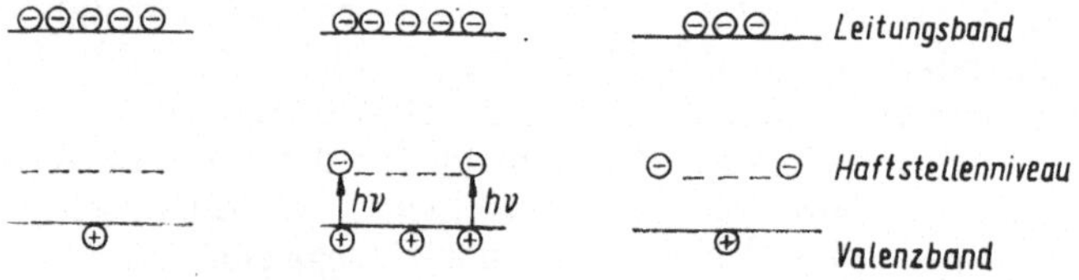

Abb. 5–13. Negativer Photoeffekt durch Befreiung von Minoritätsladungsträgern aus Haftstellen
a) $n$-Leiter,
b) Defektelektronengeneration,
c) Verminderte Ladungsträgerkonzentration nach Band-Band-Rekombination

Negative Photoeffekte können in organischen Photoleitern recht deutlich auftreten. Ein z. B. für Anthrazen anwendbares Modell geht auf STÖCKMANN [5.24] zurück (Abb. 5–13). Wir erläutern die Verminderung der Ladungsträgerkonzentration prinzipiell an einem $n$-Leiter, in dem durch Lichtquanten Elektronenhaftstellen aus dem Valenzband gefüllt werden und anschließend Band-Band-Rekombination stattfindet. Sind $n$ und $p$ wieder die Konzentrationen der Ladungsträger ohne Belichtung, dann ergibt sich mit $a = (p + \mathrm{d}p)/p$ [Z 33]:

$$j_{\mathrm{ph}}/j = \{[ap + anp/(an + ap - n)]/(n + p)\} - 1. \qquad (5.80)$$

Eine maximale Erniedrigung der Stromdichte wird

erzielt, wenn gerade die Differenz $n - p$ als zusätzliche Defektelektronenkonzentration, nachdem der Rekombinationsvorgang abgeschlossen ist, im Valenzband auftritt. Man erhält

$$(j_{\mathrm{ph}}/j)_{\mathrm{max}} = 4np/(n + p)^2 - 1. \qquad (5.81)$$

Bei $\mathrm{d}p - \mathrm{d}n_{\mathrm{r}} \geqq 2(n - p)$ tritt dann allerdings ein normaler, positiver Photoeffekt auf, $\mathrm{d}n_{\mathrm{r}}$ ist die Konzentration der Ladungsträger, die durch Rekombination verlorengeht. Es sei ergänzend erwähnt, daß durch Lichteinstrahlung die Besetzung einer Haftstellenverteilung so geändert werden kann, daß sich auch hier summarisch ein negativer Photoeffekt ergibt, das ist insbesondere bei Probenanordnungen entsprechend Abbildung 5–12 der Fall [5.25].

Während die Band-Band-Photogeneration immer eine endliche Wahrscheinlichkeit besitzt, wenn die Photonenenergie $h\nu > (W_{\mathrm{C}} - W_{\mathrm{V}})$ ist, wobei gesetzmäßige Zusammenhänge der Generationsrate mit der Bandstruktur und den Zustandsdichten in den Bändern bestehen, ist ein direkter Zweierstoß, Photon—Elektron, bzw. Dreierstoß, Photon—Elektron—Phonon, bei der oft nicht besonders hohen Konzentration von Haftstellen oder anderen lokalisierten Zentren schwer vorstellbar. Daß auch bei der ausschließlichen Befreiung von Ladungsträgern aus lokalisierten Zentren bedeutende Generationsraten möglich sind, liegt an der insbesondere in Molekülkristallen ausgeprägten Möglichkeit, Ladungsträger über den Umweg der primären Bildung von Exzitonen freizusetzen. Der von FRENKEL geprägte Begriff Exziton bezeichnet einen elektronischen Anregungszustand des Gitters bzw. des molekularen Gitterbausteins, der noch nicht unmittelbar zur Photoleitung führt, der sich aber ca. bis zu 1000 Gitterabstände weit durch Diffusion fortpflanzen kann. Bei einem Exzitonendiffusionsvorgang wird allerdings immer der Anregungszustand, nicht etwa das Molekül transportiert. Die Bindungsenergie ist entweder mit einem Anregungszustand des molekularen Gitterbausteins identisch, oder es entsteht ein dem Wasserstoffatom ähnlicher Zustand mit dem positiven Bausteinrumpf als Zentrum der Energie:

$$W_{\mathrm{Ex}} = m_{\mathrm{r}} e^4 / 2\hbar^2 (4\pi\varepsilon\varepsilon_0)^2, \quad m_{\mathrm{r}} = m^* m^+ / (m^* + m^+). \tag{5.82}$$

Niedrigere Bindungszustände von (5.82) haben das Aussehen

$$W_{\mathrm{Ex}i} = W_{\mathrm{Ex}} / i^2, \quad i = 2, 3, 4, \ldots .$$

Die durch Exzitonen vermittelte Entstehung von Photoströmen ist die tiefere Ursache, daß für Molekülkristalle oft eine recht gute Übereinstimmung von Absorptionsspektrum und spektraler Verteilung der Photoleitfähigkeit auftritt.

Da organische Halbleiter oft sehr hochohmig sind, verwendet man gern die durch Lichteinstrahlung gegebene Möglichkeit der Erhöhung der Leitfähigkeit, um bestimmte festkörperphysikalische Methoden überhaupt zur Messung anwenden zu können. Das gilt insbesondere für Beweglichkeitsmessungen. So läßt sich bei Photoleitern der Photo-HALL-Effekt messen. Für $\mathrm{d}\sigma/\sigma \gg 1$ gilt bei homogener Generationsrate näherungsweise

$$R_{\mathrm{Hph}} = re(\mathrm{d}p \cdot \mu_{\mathrm{p}}^2 - \mathrm{d}n \cdot \mu_{\mathrm{n}}^2)/\mathrm{d}\sigma^2. \tag{5.83}$$

Mit Hilfe einer Meßanordnung, wie sie in Abbildung 5-14 dargestellt ist, kann man den Driftvorgang einer

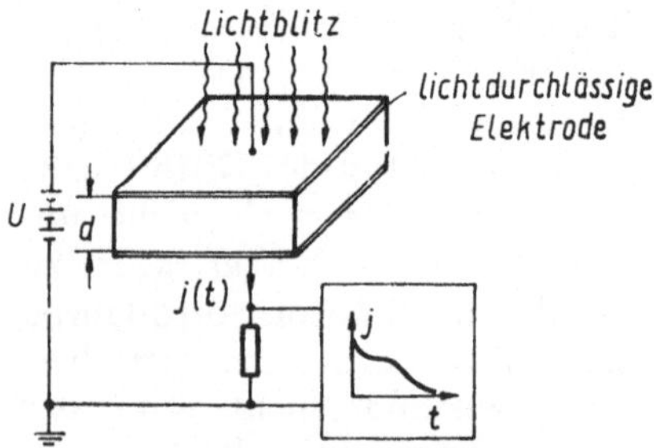


Abb. 5-14. Meßanordnung zur Bestimmung von Transitzeiten

durch einen Lichtblitz, z. B. eines Lasers, erzeugten Ladungsträgerwolke verfolgen. Dazu hat man Lichtquanten zu verwenden, für die $K\,\mathrm{d}x \gg 1$ und $\mathrm{d}x \ll d$ gilt. In Abbildung 5-14 ist eine typische Meßkurve eingezeichnet. Die Driftbeweglichkeit der Ladungsträger $\mu$ hängt sehr einfach mit der Probendicke $d$ und der Transitzeit zusammen:

$$\mu = d^2/t_{\mathrm{Tr}}U. \tag{5.84}$$

$U$ ist die an der Probe anliegende Spannung. Oft ist es allerdings ein phantastisches Unterfangen, dem Meßsignal bei noch so kurzer Blitzdauer $t_{\mathrm{b}} \ll t_{\mathrm{Tr}}$ wirklich die richtige Transitzeit zu entnehmen. Von MONTROLL und SCHER stammt eine Modellvorstellung, die hier weiterführt. Sie betrachten den hochohmigen Photoleiter als ein Netzwerk lokalisierter Niveaus. In diesem Netzwerk wird an der belichteten Elektrode eine Ladungsträgerwolke erzeugt, die in den an der Grenzfläche befindlichen lokalisierten Zentren sitzt. Von dort aus erfolgt ihre Drift zur Gegenelektrode durch Hoppingprozesse, die sowohl bezüglich der Hoppingzeit als auch der Hoppingdistanz eine bestimmte Verteilung aufweisen. Wesentliches Ergebnis dieses Modells ist die exakte Bestimmbarkeit der Transitzeit aus einer Darstellung $j(t)/j(t_{\mathrm{Tr}})$ von $t/t_{\mathrm{Tr}}$ im doppeltlogarithmischen Maßstab (Abb. 5-15). Der Exponent $\alpha$ hat unmittelbare physikali-

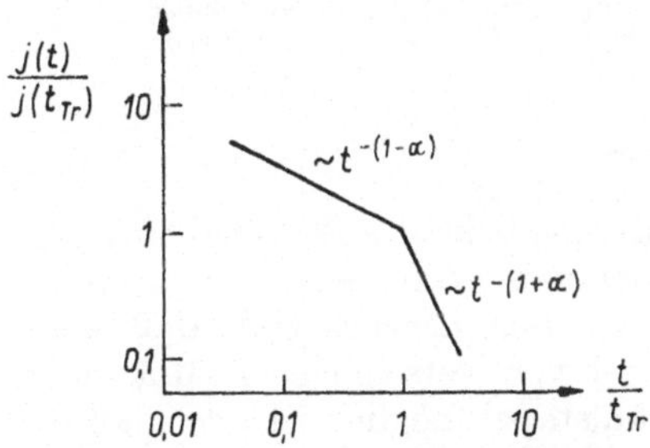


Abb. 5-15. MONTROLL-SCHER-Modell: Transitstrom

sche Bedeutung für die Verteilung der Hoppingzeiten $\psi(t) \sim t^{-(1+\alpha)}$. Der Exponent der Stromdichteabhängigkeit bei $t < t_{\mathrm{Tr}}$ wird dadurch leicht verständlich, der Exponent für $t > t_{\mathrm{Tr}}$ folgt einfach daraus, daß mit dem Erreichen der zweiten Elektrode durch die ersten Ladungsträger ständig photogenerierte Ladungsträger für den Stromfluß verlorengehen.

## 5.10. *Lineare organische Leiter*

Da wir uns bei der Betrachtung organischer Leiter zunächst ausschließlich auf eindimensionale Strukturen (1*d*-Strukturen) beschränken können, kommen Gitterstrukturen wie die in Abbildung 5–16 zusammengestellten in Betracht. Die hier dargestellten Beispiele sollen zeigen,

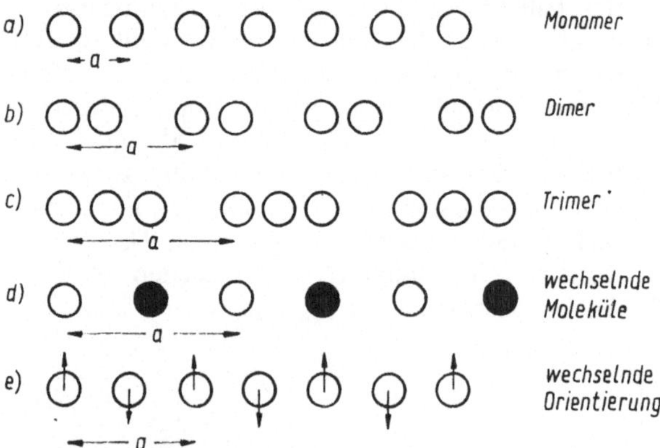


Abb. 5–16. Eindimensionale Gitter

daß eine lineare Struktur eine beliebige Basis haben kann; Monomer, Dimer, Trimer usw. Von den vielen weiteren Möglichkeiten wollen wir nur hervorheben, daß auch ein regelmäßiger Wechsel von verschiedenen Molekülen in einem linearen Molekülstapel möglich ist oder daß die molekularen Bausteine gleicher Struktur sich in ihrer räumlichen Lage unterscheiden. Das können Verdrehungen und Verkippungen bezüglich der Stapelachse sein. Will man allerdings durch eine solche Anordnung im Festkörper metallische Leitfähigkeit erreichen, muß, vom ganzen Molekül oder durch eine lokalisierbare Stelle im Molekül getragen, ein ionisierter Zustand längs der Kette vorliegen. Von einer monomeren $1d$-Struktur ist in Abbildung 5-17 die BRILLOUIN-Zone dargestellt.

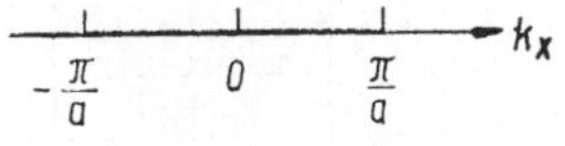

$-\frac{\pi}{a}$ $0$ $\frac{\pi}{a}$ $k_x$

Abb. 5-17. BRILLOUIN-Zone eines **1*d***-Leiters

Auch für eine Vielzahl von parallelen $1d$-Ketten ohne Interkettenwechselwirkung besteht die 1. BRILLOUIN-Zone aus den beiden Punkten $+\pi/a$ und $-\pi/a$ im reziproken Gitter in Richtung der Stapelachse. Steuert jedes Molekül einen Ladungsträger zur Leitung im $1d$-Leitungsband bei, dann ist die FERMI-Fläche durch die beiden Punkte $+\pi/2a$ und $-\pi/2a$ definiert, bei Temperaturen $T > 0$ verschmieren sich allerdings diese Wellenzahlvektoren $\boldsymbol{k}_{\mathrm{F}}$ zu $\boldsymbol{k}_{\mathrm{F}} \pm \Delta\boldsymbol{k}_{\mathrm{F}}$. Liegt zumindest eine schwache Interkettenwechselwirkung vor, dann kann die FERMI-Fläche die Form einer flachen Scheibe mit nach außen gewölbtem Rand haben [5.26]. Es ist selbstverständlich, daß nur bei einer teilweisen Besetzung der verfügbaren Zustände im $1d$-Leitungsband wirklich eine metallische Leitfähigkeit entstehen kann.

Für $1d$-Strukturen haben sich bestimmte Instabilitäten als ganz wesentlich erwiesen [5.27]. Es läßt sich zeigen, daß eine $1d$-Struktur in der Nähe einer kritischen Temperatur $T_{\mathrm{k}}$ einen PEIERLS-FRÖHLICH-Übergang erleiden kann. Elektrisch macht sich das in einem Übergang von einem leitenden zu einem isolierenden Zustand bemerkbar. Diesem Übergang liegt eine ständige, periodische Gitterstörung zugrunde, die die Entstehung einer Energielücke in der Zustandsdichteverteilung der Leitungselektronen bewirkt. Greifen wir wieder den einfachsten Fall heraus, dann hat man sich etwa vorzustellen, daß ein struktureller

Wandel von einer monomeren 1*d*-Struktur (Abb. 5–16a) zu einer dimeren Struktur (Abb. 5–16b) stattfindet. Diesen beiden 1*d*-Strukturen lassen sich die folgenden

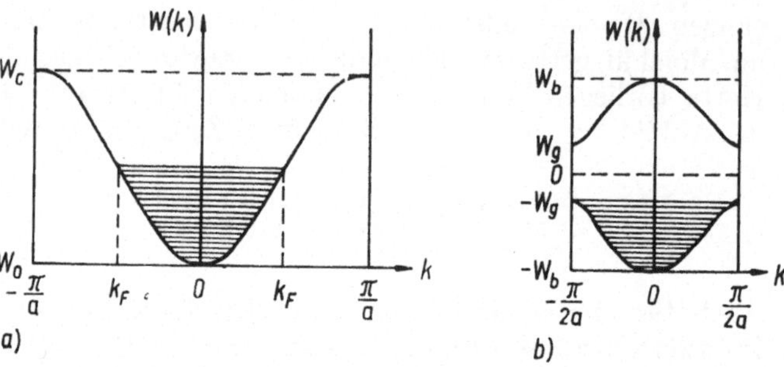


Abb. 5–18. Bandstrukturen einer a) monomeren und b) dimeren 1*d*-Kette

Bandstrukturen und Phononenzweige zuordnen [5.28] (Abb. 5–18 und 5–19):

Bandstruktur der monomeren 1*d*-Kette

$$W(\boldsymbol{k}) = (W_c + W_0)/2 + [(W_0 - W_c)/2] \cos(\boldsymbol{ka}), \quad (5.85)$$

Bandstruktur der dimeren 1*d*-Kette

$$W(\boldsymbol{k}) = \pm \left\{ \frac{W_b^2 + W_g^2}{2} + \frac{W_b^2 - W_g^2}{2} \cos(2\boldsymbol{ka}) \right\}^{1/2}, \quad (5.86)$$

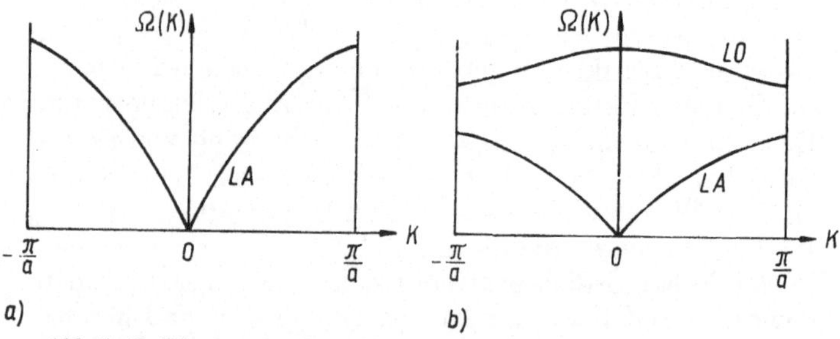


Abb. 5–19. Phononenzweige einer a) monomeren und b) dimeren 1*d*-Kette

longitudinaler Phononenzweig der monomeren $1d$-Kette

$$\Omega(\boldsymbol{K}) = A \left|\sin\left(\boldsymbol{K}a/2\right)\right| \tag{5.87}$$

und akustischer und optischer Phononenzweig der dimeren $1d$-Kette

$$\Omega(\boldsymbol{K}) = \{B \pm C[D - E \cdot \sin^2(\boldsymbol{K}a/2)]^{1/2}\}^{1/2}. \tag{5.88}$$

$A$, $B$, $C$, $D$ und $E$ sind Konstanten, die von den Bindungskräften längs der Kette abhängen, $\boldsymbol{k}$ ist der Wellenzahlvektor der Ladungsträger, $\boldsymbol{K}$ der Wellenzahlvektor der Phononen, $\Omega$ ist die Kreisfrequenz der Phononen, und die übrigen Bezeichnungen können den zugehörigen Abbildungen entnommen werden.

Im Rahmen der Mean-Field-Theorie kann gezeigt werden, daß die Energielücke $W_g$ in der in Abbildung 5–20

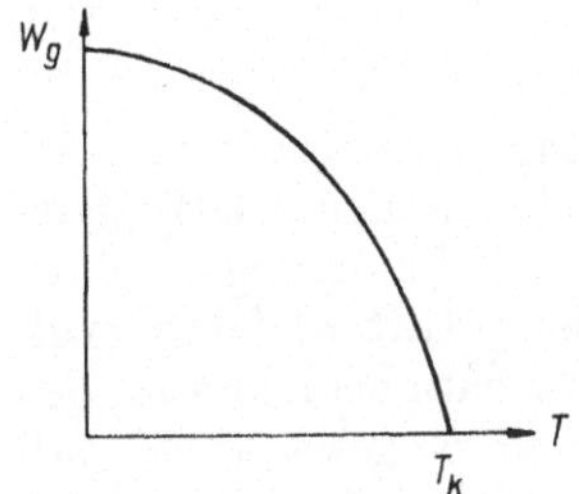


Abb. 5–20. Temperaturabhängigkeit der Energielücke einer dimerisierten $1d$-Struktur

dargestellten Weise von der Temperatur abhängt. Die Instabilität des $1d$-Gitters drückt sich auch ganz besonders im Verlauf der Schwingungsfrequenzen $\Omega(2k_F) \to 0$ aus (Abb. 5–21).

Die Dimerisierung einer $1d$-Struktur kann durch exakte Positionsbestimmung der Gitterbausteine direkt nachgewiesen werden. Mittelt man unterhalb einer Temperatur $T_k$ die Auslenkungen eines Gitterbausteins zeitlich, dann stellt sich heraus, daß dieser eine neue Gleichgewichtslage einnimmt. Das bedeutet aber auch, daß die mittleren Ladungsdichteschwankungen nicht mehr verschwinden [5.29]. Man kann dann also ansetzen:

$$\varrho = \varrho_0 + \delta\varrho. \tag{5.89}$$

Diese periodische Ladungsdichteverteilung, die man als Ladungsdichtewelle (charge density wave, Abkürzung CDW) bezeichnet, kann nach FRÖHLICH [5.30] reibungslos

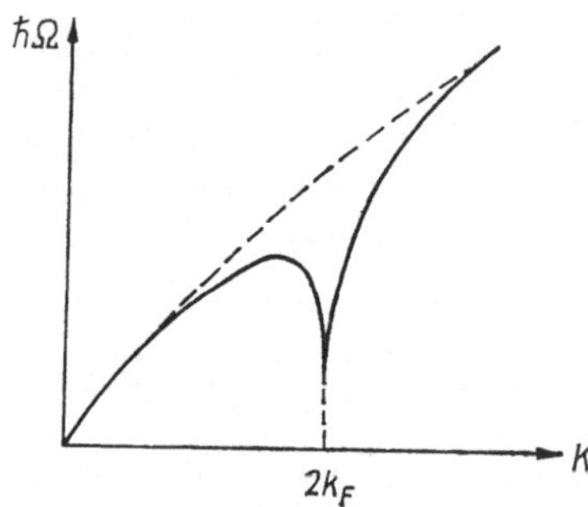


Abb. 5–21. Abhängigkeit der Softmode von der Temperatur

durch das Gitter laufen. Allerdings reduziert schon die diskrete Struktur die Beweglichkeit der CDW ganz erheblich. Hinzu kommen die Behinderungen ihrer Bewegung durch real vorhandene Gitterdefekte (vgl. dazu Abschnitt 5.6.). Die Translationsinvarianz des Ladungskondensats wird meist so eingeschränkt, daß man sie als gepinnt (englisch: to pin = festhalten, einpferchen) ansehen muß. Das äußert sich in einer endlichen Kohärenzlänge des linearen Gitters. Auf Grund obiger Überlegungen lassen sich einige experimentell nachprüfbare Zusammenhänge angeben [5.29]. Zum Beispiel erhöht sich die statische relative Dielektrizitätskonstante in einer 1$d$-Struktur, die superfluide Ladungsträger der Konzentration $n_s$ enthält, wie

$$\mathrm{d}\varepsilon_{\mathrm{CDW}} \approx (\omega_{\mathrm{P}}/\omega_{\mathrm{F}})^2\,(n_s/n)\,(m/m_s^*), \tag{5.90}$$

und die Gleichstromleitfähigkeit nimmt um

$$\mathrm{d}\sigma_{\mathrm{CDW}} = n_s e^2/m_s^* \Gamma \tag{5.91}$$

zu. Die Ableitung beider Gleichungen setzt schwaches Pinning voraus. Dann läßt sich eine Schwingungsgleichung für die superfluide Phase des PEIERLS-FRÖHLICH-Kondensats angeben, die im räumlichen Abschnitt einer Kohärenzlänge gilt, wenn ein elektrisches Wechselfeld $E = E_0 \cdot \exp(-i\omega t)$ in Richtung der Kette $x$ einwirkt:

$$d^2x/dt^2 + \Gamma\, dx/dt + \omega_F{}^2 x = eE/m_s{}^*. \quad (5.92)$$

Die Dämpfungskonstante $\Gamma$ erfaßt die nicht ganz reibungsfreie Bewegung im diskreten Gitter, $m_s{}^*$ ist die effektive Masse des superfluiden Elektrons, $\omega_F$ die Eigenschwingungsfrequenz der superfluiden Phase, und die Plasmafrequenz ist $\omega_P = (4\pi e^2 n/m)^{1/2}$. Sind in einer Kette $N$ Moleküle auf einer Länge $L$ vorhanden und steuert jedes Molekül einen Ladungsträger zur metallischen Leitung bei, dann ist hier $n = N/L$. Untersucht man nun die Ladungsdichtewelle genauer, wird sichtbar, daß sie bei einem Wellenzahlvektor von $|\boldsymbol{k}| = 2k_F$ einen ausgesprochenen Resonanzcharakter besitzt:

$$\delta\varrho(x) = e\delta n_s \cdot \cos(2k_F x + \varphi). \quad (5.93)$$

Die Größe $\delta n_s$ bezeichnet den superfluiden Anteil der Ladungsträgerkonzentration, der auch schon oberhalb $T_k$ infolge von Fluktuationserscheinungen auftritt, und $\varphi$ beschreibt die Phasenlage bezüglich der Gitterstruktur. Diese beginnende Fluktuation, die einer zeitlich und räumlich begrenzten Ausbildung der neuen dimerisierten Phase oberhalb $T_k$ entspricht, kann dadurch charakterisiert werden, daß zwar das zeitliche Mittel der Energielücke $\overline{W_g} = 0$ verschwindet, aber das Quadrat der Energielücke $\overline{W_g{}^2}$ im Mittel $\sim 1/N_0$ ist, $N_0$ ist die Zahl der Gitterbausteine pro mittlerer Kohärenzlänge. Aus dieser Tatsache erwächst die Existenz einer Paraleitfähigkeit $\delta\sigma_{CDW}$:

$$\delta\sigma_{CDW} \approx \delta n_s e^2/m_s{}^*\Gamma. \quad (5.94)$$

Inzwischen gestatten es einige Modelle, die Werte für $n_s(T)/n$, bzw. $\delta n_s(T)/n$ zu bestimmen. Wir wollen uns hier mit dem qualitativen Verlauf der Leitfähigkeit begnügen:

$$
\begin{aligned}
&T \gg T_k && n_s/n = 0, \\
&T > T_k && n_s/n \ll 1, \\
&T \approx T_k && n_s/n \approx 1, \\
&T < T_k && n_s/n \ll 1, \\
&T \to 0 && n_s/n = 0.
\end{aligned}
\tag{5.95}
$$

Zieht man in Betracht, daß $\mu_s \gg \mu$ gilt, dann folgt aus (5.95) mit (5.91) und (5.94) ein Maximum der Leitfähigkeit in der Umgebung von $T_k$.

Die statische Dielektrizitätskonstante eines $1d$-Leiters ist allgemein

$$\varepsilon(K) = 1 + \frac{\hbar^2 k_F^2}{m} \sum_k [f(W_k) - f(W_{k+K})]/(W_{k+K} - W_k) \tag{5.96}$$

Ist nun $V$ das nichtabgeschirmte Wechselwirkungspotential der Ionen in der linearen Kette, dann kann man mit (5.96) das effektive Wechselwirkungspotential angeben, das durch die gegenseitige Abschirmwirkung der Ionen tatsächlich herrscht:

$$V_{eff} = V/\varepsilon(K, \omega). \tag{5.97}$$

An dieser Stelle sei noch einmal hervorgehoben, daß die Ladungsträger eines organischen linearen Leiters aus der Elektronenhülle des positiven oder negativen Molekülions stammen. Der Übergang neutraler Moleküle in den Ionenzustand erfolgt schon bei der Bildung betreffender Molekülkomplexe durch Ladungsübertragung (charge transfer, Abkürzung CT).

Meist sind in CT-Molekülkristallen benachbarte Molekülstapel von entgegengesetzter Polarität. Gleichung (5.96) vereinfacht sich ganz erheblich, weil im Prinzip nur Streuprozesse von Elektronen zwischen den Energiezuständen der geringfügig verschmierten FERMI-Oberfläche stattfinden können. Ist $W_k$ die Startenergie eines

Elektrons mit dem Wellenzahlvektor $\boldsymbol{k} = +\boldsymbol{k}_F$, dann liegt sein möglicher Landeplatz im reziproken Gitter bevorzugt bei $W_{k+K}$ mit $\boldsymbol{k} + \boldsymbol{K} = -\boldsymbol{k}_F$. In obigen Gleichungen ist $f(W)$ die FERMI-DIRAC-Verteilungsfunktion. Weil die Wechselwirkung von Phononen der Energie $\hbar\Omega(\boldsymbol{K})$ nur mit Elektronen der ungefähren Energie $W_F$ erfolgen kann, tritt bei $\boldsymbol{K} = 2\boldsymbol{k}_F$ eine betonte Singularität der Streuvorgänge auf. Da durch Integration über $\boldsymbol{k}$ bei $T = 0$ (5.96) die Form

$$\varepsilon(K) = 1 + \left(\frac{k_F}{K}\right)^2 \cdot \ln\left[(2k_F + K)/(2k_F - K)\right] \quad (5.98)$$

erhält, bezeichnet man die mathematische Darstellung hier auch als logarithmische Singularität. In unmittelbarem Zusammenhang damit muß unter diesen Streubedingungen eine KOHN-Anomalie auftreten, wie sie in Abbildung 5–22 skizziert ist. Bei hohen Temperaturen

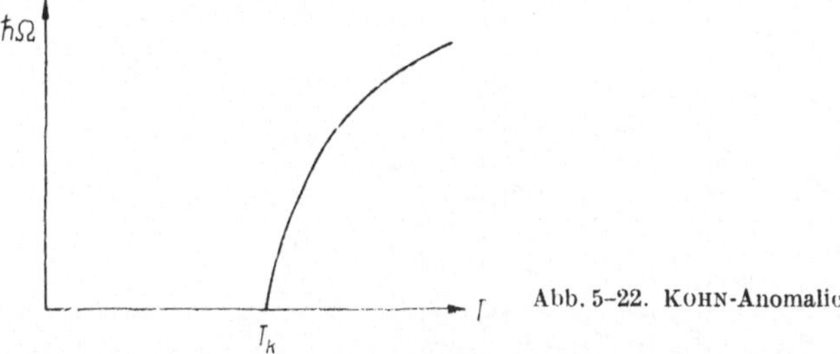


Abb. 5–22. KOHN-Anomalie

wird dieser dynamische Effekt durch die stärkere Verschmierung der FERMI-Oberfläche überdeckt. Er wird als Softening der $2k_F$-Phononen durch inelastische Neutronenstreuung nachgewiesen. Dagegen ist die PEIERLS-Störung eine statische Erscheinung, die durch elastische Neutronenstreuung beobachtet werden kann [5.28].

# 6. Organische halbleitende Polymere

Für die Technik ist es nach wie vor verlockend, die ökonomisch günstigen Produktionsverfahren von Folien, Fasern und textilen Flächengebilden auf Polymerbasis in Verbindung von hoher Flexibilität, chemischer Beständigkeit, leichter Bearbeitungsmöglichkeit usw. mit bestimmten elektrischen Eigenschaften kombiniert zu nutzen. Zielfunktion und Vorbild war dabei immer der Graphit (Abb. 6–1). Geht man allein von den Bindungsverhältnissen aus, dann ist Graphit ein Molekülkristall mit einem starken kovalenten Bindungsanteil in zwei Dimensionen. Man kann die untereinander durch VAN-

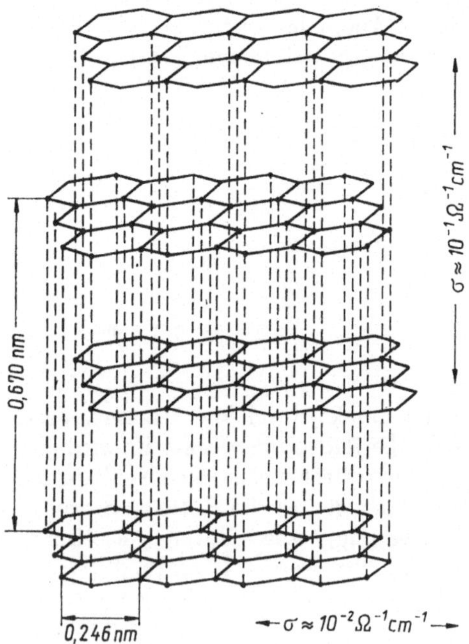


Abb. 6–1. Graphitstruktur

der-Waals-Bindungskräfte gebundenen Schichtebenen des Graphits als organische Riesenmoleküle auffassen. Zwischen den konjugierten planaren Schichten stellt sich der typische Van-der-Waals-Bindungsabstand von 0,335 nm ein. In Richtung der Stapelachse beträgt die Leitfähigkeit 0,1 $\Omega^{-1}$ cm$^{-1}$ und ist damit um einen Faktor $10^{-3}$ kleiner als längs der Schichten. Auf Grund ihres Baues sind die Graphitschichtebenen als das Paradebeispiel des Erreichbaren bezüglich der Leitfähigkeit organischer, planarer konjugierter Polymermoleküle anzusehen. Es ist allerdings sicher, daß auch die besten bisher gefundenen Graphiteinkristalle zumindest so viele Defekte enthalten, daß es nicht möglich ist, einzelne polyaromatische Riesenmoleküle zu kontaktieren und zu messen. Interessant ist es jedenfalls, daß eine solche Struktur dieser Größenordnung letzten Endes metallisch leitet. Graphit ist aber auch in einer anderen Hinsicht für das Bestreben, halbleitende Polymere herzustellen, beispielgebend. Auf natürlichem Wege entsteht Graphit aus relativ niedermolekularen organischen Stoffen durch Pyrolyse.

Der Weg der pyrolytischen Gewinnung von halbleitenden Polymeren führt bei schonender Bearbeitung der Ausgangspolymere zu recht definierten, durch die ursprüngliche Struktur beeinflußten Pyrolysaten. Dafür zeigt Abbildung 6–2 ein Beispiel. Es gelingt auch, Polyvinylalkohole und Polyvinylester auf diese Weise in konjugierte Systeme überzuführen, ohne daß durch die Abspaltung von Wasser oder Alkoholen ein Bruch in der Kohlenstoffkette eintritt. Einige Pyrolysate sind in Tabelle 6–1 zusammengestellt. Treibt man denPyrolysevorgang bei Temperaturen über 600 °C weiter, so erhält man Strukturen, die sich der Graphitschichtstruktur immer weiter annähern. Typisch sind als Endprodukt molekulare Gebilde wie sie Abbildung 6–3 darstellt. Im Zusammenhang mit unseren Überlegungen zur Beweglichkeit der Ladungsträger wollen wir auf den interessanten Fakt aufmerksam machen, daß in der Schicht-

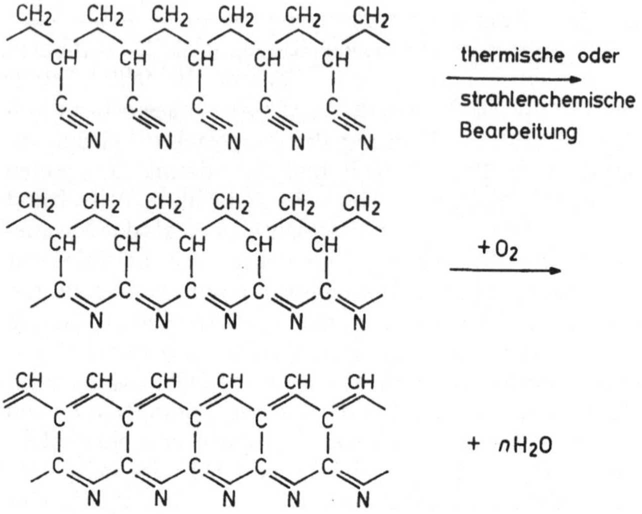

Abb. 6–2. Entstehung eines Konjugationssystems beim Polyacrylnitril durch thermische oder strahlenchemische Bearbeitung nach [6.1]

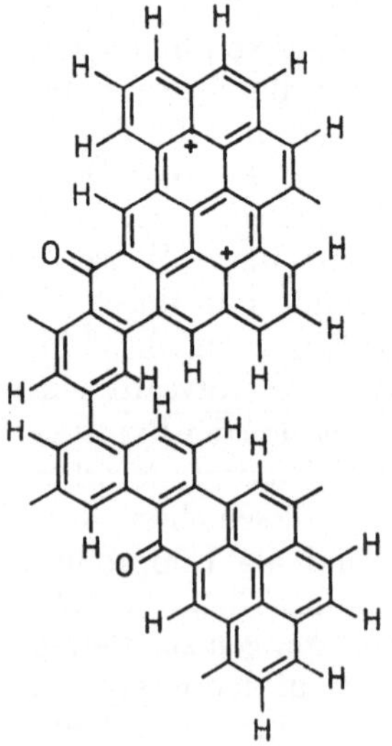

Abb. 6–3. Struktur eines Pyrolysates aus Kopolymeren des Divinylbenzols und des Äthylvinylbenzols (+ eingeschlossene Radikale) nach [6.2]

Tabelle 6–1

Durch Pyrolyse gewonnene halbleitende Polymere

| Ausgangsprodukt | Pyrolyse-bedingung | $\sigma_{300K}$ in $\Omega^{-1}$ cm$^{-1}$ | Aktivierungs-energie in eV | Literatur |
|---|---|---|---|---|
| Polyacrylnitril | $10^7$ Gy, $\gamma$ | $10^{-10}$ | 0,3 | [6.3] |
| Polyacrylnitril | 400 – 500 °C | $10^{-10} \cdots 10^{-3}$ | 1,5 | [6.4] |
| Polyacrylnitril | 900 °C, $Al_2O_3$ | 20 | 0,1 | [6.1] |
| Polyimid | 700 °C | $10^{-7}$ | | [6.5] |
| Ionenaustauscherharze | 550 °C | $10^{-5}$ | – | [6.6] |
| Thiozyanat/Thio-harnstoff | 400 °C | $10^{-2}$ | 0,7 | [6.7] |
| Polydivinylbenzol | 700 °C | $10^{-6}$ | – | [Z 18] |
| Polydivinylbenzol | 1 000 °C | $10^{2}$ | – | [Z 18] |
| Polyvinylidenchlorid | 400 °C | $10^{-7}$ | – | [6.2] |

ebene des Graphits an ausgewählten Kristallen ein $\mu \approx 4 \cdot 10^4$ cm$^2$/Vs bei einem $\sigma \approx 3 \cdot 10^5\, \Omega^{-1}$ cm$^{-1}$ gemessen werden konnte [6.8].

Günstige Resultate hat die gezielte Synthese polymerer konjugierter Strukturen gezeitigt. Wir haben dargelegt, daß es vorteilhaft ist, möglichst ausgedehnte Konjugationssysteme zu verwenden, weil sich damit die Zahl der Barrieren pro Ladungsträgerpfad drastisch reduzieren läßt. Das führt aber nur zu dem gewünschten Erfolg, wenn das Polymermolekül selbst keine Barrieren enthält. Pohl hat darauf als erster aufmerksam gemacht [6.9] und die Begriffe Rubikonjugation und Ekakonjugation geprägt. Rubikonjugation kommt von Rubikon und bedeutet eine im Molekül begrenzte Konjugation, die mindestens einmal, oft aber auch vielfach, unterbrochen ist. Zu derartigen Unterbrechungen des Konjugationssystems gehören molekulare Defekte, nicht an der Konjugation beteiligte Brücken, wie die Sauerstoffbrücke, ungehinderte Rotationsfreiheitsgrade benachbarter Molekülteile gegeneinander, aus der planaren Struktur herausführende Knickstellen im Molekül, Seitengruppen, die das $\pi$-Elektronen-Molekülorbital stören. Obwohl so gebaute Polymermoleküle auf den ersten Blick ein geeignetes Konjugationssystem aufzuweisen scheinen, verhalten sie sich makroskopisch eher wie Isolatoren. Vor allem sind sie durchsichtig oder nur schwach gefärbt und absorbieren erst Lichtquanten mit mehr als 2,5 eV Energie. Daß es sich um Isolatoren handelt, zeigt Abbil-

| Grundbaustein | $\sigma$ in $\Omega^{-1}$cm | $W_A$ in eV |
|---|---|---|
| 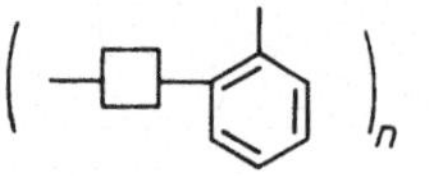 | $2 \cdot 10^{-13}$ | 2,23 |
| 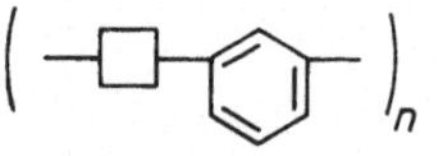 | $1{,}1 \cdot 10^{-12}$ | 2,15 |
| 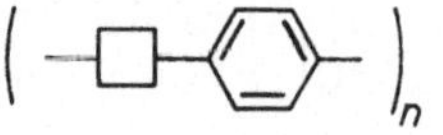 | $6 \cdot 10^{-13}$ | 1,57 |
| 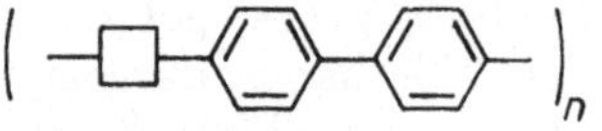 | $3 \cdot 10^{-16}$ | 1,66 |
| 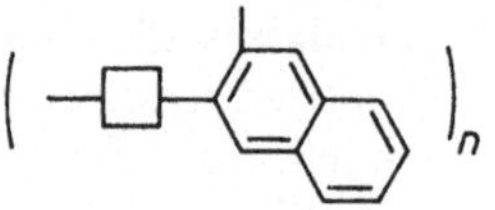 | $1{,}3 \cdot 10^{-15}$ | 1,91 |
| 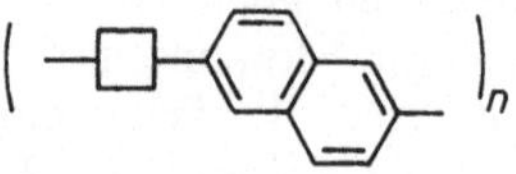 | $1 \cdot 10^{-14}$ | 1,78 |
| 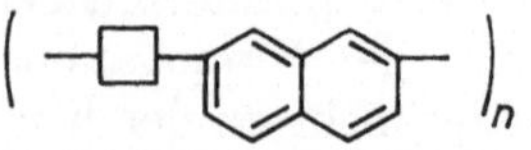 | $2{,}4 \cdot 10^{-11}$ | 1,12 |

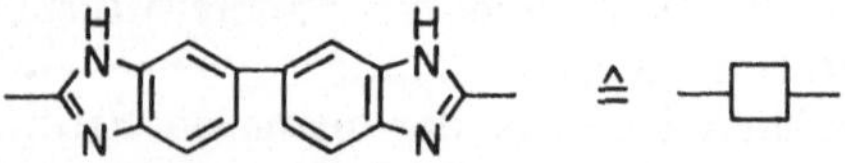

Abb. 6-4. Elektrische Eigenschaften der Benzimidazole nach [6.10] ($\sigma$ in $\Omega^{-1}$ cm$^{-1}$)

dung 6-4 an Hand der Benzimidazole, die aus einzelnen, voneinander isolierten, konjugierten Abschnitten bestehen. Rubikonjugation ist auch die tiefere Ursache, daß man bei der Abscheidung polymerer Schichten durch Glimmpolymerisation im wesentlichen – auch bei noch so günstig konjugierten Monomeren – immer Isolierstoffe erhält.

Ekakonjugation weist die oben genannten Fehler nicht auf. Das $\pi$-Elektronensystem des gesamten Polymermoleküls kann durch das Modell des quasifreien Elek-

| Polymerstruktur | $\sigma$ in $\Omega^{-1}$cm |
|---|---|
| —C=C—C=C—C=C—C= | $10^{-11} \ldots 10^{-6}$ |
| —C≡C—C≡C—C≡C—C≡ | $10^{-6} \ldots 10^{-3}$ |
| —C=N—C=N—C=N—C= | $10^{-9} \ldots 10^{-6}$ |
| | $10^{-9} \ldots 10^{-3}$ |
| —C≡C— —C≡C— | $10^{-14} \ldots 10^{-2}$ |
| —N=N— —N=N— | $10^{-15} \ldots 10^{-12}$ |
| N N N N N N N N | $10^{-4} \ldots 10$ |
| | $10^{-11} \ldots 10^{-2}$ |
| | $10^{-3}$ |

Abb. 6-5. Konjugierte Polymerstrukturen ($\sigma$ in $\Omega^{-1}$ cm$^{-1}$)

tronengases (vgl. Abschnitt 5.2.) beschrieben werden. Einige Strukturen dieses Typs stellt Abbildung 6-5 zusammen. Man darf für diese Systeme Leitungsvorgänge auf der Basis von Tunnelungs- oder Hoppingprozessen erwarten. Das ist vor allem auch deshalb der Fall, weil es keinesfalls gelingt, bei entsprechendem hohem Polymerisationsgrad eine einheitliche Molekülgröße zu erreichen. Kristalline Bereiche sind möglich, sie umfassen aber natürlich nicht den gesamten Festkörper. Das wurde z. B. von STORBECK am Polytetrazyanäthylen nachgewiesen [6.11]. Oft hat man es allerdings strukturell mit einer sehr weitgehenden Annäherung an den amorphen Zustand zu tun. Auch parkettartige Polymermoleküle mit konjugierten Grundbausteinen (Monomereinheiten) sind in ekakonjugierter Form herstellbar. Insbesondere ranken sich viele Syntheseaktivitäten organischer Polymerchemiker um Polymere vom Typ der Polyphthalozyanine [6.12]. Polymere Phthalozyanine wurden erstmals 1949 synthetisiert. Heute sind auch viele polymere Metallphthalozyanine, z. B. des Kupfers, Kobalts, Zinns, Germaniums, Siliziums, Skandiums, Zirkons und Magnesiums, bekannt. Hier handelt es sich insbesondere um halbleitende organische Polymere mit interessanten elektrischen, thermoelektrischen und katalytischen Eigenschaften. Abbildung 6-6 und Tabelle 6-2 geben einen Überblick über dieses Forschungsgebiet. Um die Erweiterung dieses Spektrums haben sich vor allem MANECKE, WÖHRLE und KOSSMEHL verdient gemacht, denen der zusätzliche Einbau von Stickstoff in das Konjugationssystem gelang. Die günstigsten so erreichten elektrischen Kenndaten lassen sich mit $\sigma < 10^{-2}$ $\Omega^{-1}$ cm$^{-1}$, $W_A < 0{,}04$ eV und $S > |1400|$ $\mu$V/K angeben.

Ein gängiger Weg zu halbleitenden Polymeren höherer Leitfähigkeit ist die Bildung von Donator-Akzeptor-Komplexen zwischen einem durch gezielte Synthese gewonnenen Polymermolekül und geeigneten Komplexpartnern wie insbesondere Tetrazyanchinodimethan (TCNQ) oder Jod [6.14]. Viele der in den Tabellen 6-3

a) Pyromellitsäuredianhydrid, Harnstoff

x = y = CN; COOH

b) 3,3', 4,4' - Tetrazyandiphenyläther, Phthalodinitril

x = y = CN; COOH

c) Phthalodinitril, $SiCl_4$

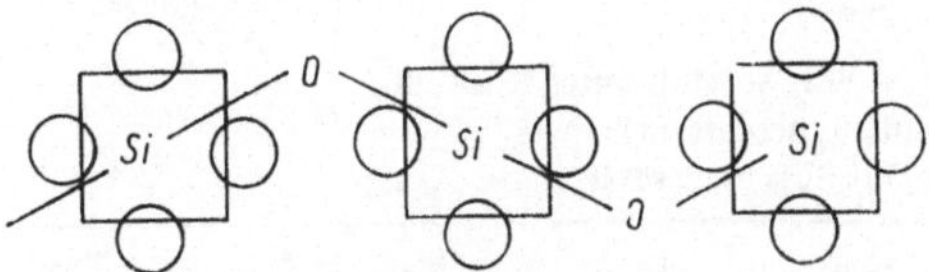


Abb. 6–6. Struktur von Polyphthalozyaninen, hergestellt aus:

a) Pyromellitsäuredianhydrid, Harnstoff,

b) 3,3',4,4'-Tetrazyandiphenyläther, Phthalodinitril,

c) Phthalodinitril, $SiCl_4$.

(Fortsetzung S. 110)

bis 6–6 enthaltenen organischen polymeren Halbleiter sind löslich und können auf beliebigen Unterlagen als Filme abgeschieden werden. Es ist deutlich, daß offensichtlich der Einbau einer Neutralkomponente neben der Ionenkomponente zu besonders guten Leitfähigkeiten führt. Das ist übrigens gerade wie bei den monomeren TCNQ-Komplexen (vgl. die Kapitel 7. und 9.).

d) Cu - Pc, Schwefel

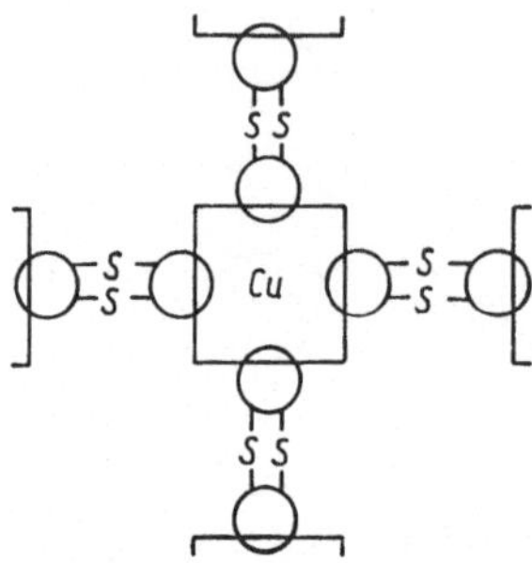


e) Poly - Cu - Pc, Schwefeldichlorid

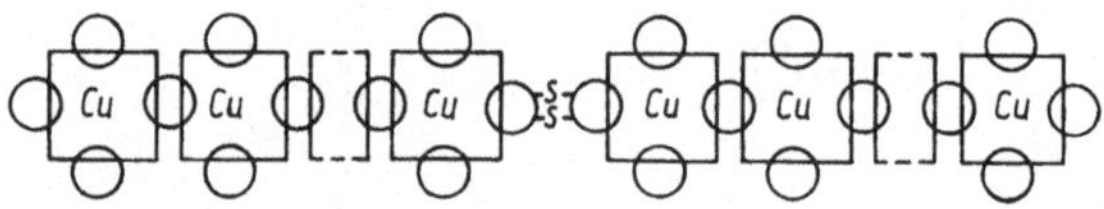


Abb. 6-6. d) Cu-Pc, Schwefel, e) Poly-Cu-Pc, Schwefeldichlorid

Tabelle 6–2

Elektrische Eigenschaften von Polyphthalozyaninen. Vgl. Abbildung 6–6, Herstellungsverfahren a) bis e)

Meßwerte f) (* $CuPc + SCl_2 + AlCl_3$ unter Rückfluß)
g) (** nach [6.13] hergestellt)
h) (*** CuPc mit $SCl_2$ umgesetzt)

| Substanz | $\sigma_{300K}$ in $\Omega^{-1}$ cm$^{-1}$ | $\sigma_0$ in $\Omega^{-1}$ cm$^{-1}$ | $W_A$ in eV | $S$ in µV/K | Typ |
|---|---|---|---|---|---|
| Kupferphthalozyanin (CuPc) | $1{,}9 \cdot 10^{-14}$ | 120 | 0,98 | +2000 | p |
| Poly-CuPc(a) | $7{,}9 \cdot 10^{-12}$ | 7 | 0,71 | +1770 | p |
| Poly-CuPc(b) | $1{,}8 \cdot 10^{-11}$ | 6 | 0,69 | +980 | p |
| Poly-CuPc(c) | $4{,}7 \cdot 10^{-8}$ | $7 \cdot 10^{-2}$ | 0,37 | +170 | p |
| Poly-CuPc(d) | $1{,}2 \cdot 10^{-6}$ | $3 \cdot 10^{-2}$ | 0,26 | +300 | p |
| Poly-CuPc(e) | $10^{-}$ | – | 0,8···1,2 | | p |
| Poly-CuPc(f)* | $7{,}0 \cdot 10^{-8}$ | 5 | 0,35 | +800 | p |
| Poly-CuPc(g)** | $5{,}9 \cdot 10^{-6}$ | $1{,}6 \cdot 10^{-2}$ | 0,21 | +2,8 | p |
| Poly-CuPc(h)*** | $2{,}3 \cdot 10^{-6}$ | $1{,}5 \cdot 10^{-2}$ | 0,21 | −5,0 | n |
| Poly-Me-Pc | $10^{-11}\cdots10^{-1}$ | $10^{-4}\cdots7$ | 0,1···0,2 | – | – |
| Poly-Pc | $10^{-6}\cdots10^{-2}$ | 0,1···0,5 | 0,1···0,3 | – | – |

Tabelle 6–3

Elektrische Leitfähigkeit einiger Donator-Akzeptor-Komplexe von ($TCNQ^0$) und polymeren Donatoren nach [6.14]

| Polymerer Donator | $\sigma$ in $\Omega^{-1}$ $cm^{-1}$ | Literatur |
|---|---|---|
| Poly-2-vinylpyridin | $1{,}6 \cdot 10^{-10}$ | [6.16] |
| Poly-4-vinylpyridin | $7{,}1 \cdot 10^{-10}$ | [6.16] |
| Poly-(p-dimethylaminostyrol) | $6 \cdot 10^{-14} \cdots 10^{-12}$ | [6.17] |
| Polyvinylphenothiazin | $4{,}2 \cdot 10^{-8}$ | [6.18] |
| Poly-N-vinylkarbazol | $7{,}1 \cdot 10^{-15}$ | [6.19] |
| N-azylsubstituierte Polyäthylenimine | $6{,}3 \cdot 10^{-10} \cdots 3{,}3 \cdot 10^{-8}$ | [6.20] |

Tabelle 6–4

Elektrische Leitfähigkeit einiger $(\text{Polykation})^{n+}(TCNQ)_n^-(TCNQ)_m^0$-Polymere nach [6.14] **(Fortsetzung S. 112)**

| Polykation | $m/n$ | $\sigma$ in $\Omega^{-1}$ $cm^{-1}$ | Literatur |
|---|---|---|---|
| Poly-(1-methyl-2-vinylpyridinium) | 0 | $10^{-10}$ | [6.21] |
| | 0,3 | $1{,}7 \cdot 10^{-4}$ | |
| Poly-(1-butyl-4-vinylpyridinium) | | $10^{-10}$ | [6.21] |
| | 0,15 | $3{,}2 \cdot 10^{-5}$ | |
| Copoly-(styrol-4,5-1-butyl-2-vinylpyridinium-5,5) | 0,5 | $1{,}1 \cdot 10^{-3}$ | [6.21] |
| Poly-(1,2-dimethyl-5-äthinyl-pyridinium) | 0 | $10^{-11}$ | [6.22] |
| | 1,5 | $5 \cdot 10^{-6}$ | |
| Poly-(1-vinyl-3-methylpyridinium) | 0 | $5 \cdot 10^{-10}$ | [6.22] |
| | 1,0 | $8 \cdot 10^{-9}$ | |
| Poly-(1-methylenpyridinium-äthylenoxid) | 0 | $6{,}7 \cdot 10^{-8}$ | [6.23] |
| | 0,91 | $1{,}1 \cdot 10^{-2}$ | |
| Poly-(1-vinyl-3-methylinidazolonium) | 0 | $10^{-10}$ | [6.21] |
| | 0,15 | $0{,}5 \cdot 10^{-5}$ | |
| Poly-(4-trimethylammoniumstyrol) | 0 | $10^{-10}$ | [6.21] |
| | 0,15 | $2{,}1 \cdot 10^{-3}$ | |
| Poly-(N-xylylen-N,N-dimethyl-ammonium) | 0 | $7{,}1 \cdot 10^{-11}$ | [6.24] |
| | > 0 | $2{,}2 \cdot 10^{-3}$ | |
| Poly-(N-xylylen-N,N-piperidinium) | 0 | $5{,}5 \cdot 10^{-11}$ | [6.24] |
| | > 0 | $2{,}1 \cdot 10^{-4}$ | |
| Poly-(N-xylylen-N,N-morpholinium) | 0 | $1{,}3 \cdot 10^{-11}$ | [6.24] |
| | > 0 | $5{,}0 \cdot 10^{-3}$ | |

**Tabelle 6–4 (Fortsetzung)**

| Polykation | $m/n$ | $\sigma$ in $\Omega^{-1}$ cm$^{-1}$ | Literatur |
|---|---|---|---|
| aromatische Ionene | 0 | $1{,}9 \cdots 6{,}7 \cdot 10^{-6}$ | [6.25] |
| | 0,5 | $1{,}1 \cdots 1{,}3 \cdot 10^{-2}$ | |
| aliphatische Ionene | 0 | $3{,}6 \cdot 10^{-5} \cdots$ $3{,}1 \cdot 10^{-9}$ | [6.22] |
| | 0,1 – 1 | $7{,}1 \cdot 10^{-8} \cdots$ $1{,}3 \cdot 10^{-2}$ | |

**Tabelle 6–5**
**Elektrische Eigenschaften von (Polykation)$^{n+}$ (TCNQ)$_n^-$(TCNQ)$_m^0$-Polymeren nach [6.14]. Maximalwerte von $\sigma$**

| Polykation | $m/n$ | $\sigma$ in $\Omega^{-1}$ cm$^{-1}$ | $W_A$ in eV | $S$ in µV/K |
|---|---|---|---|---|
| Poly-(1-vinyl-pyridinium) | 0,7 | $2{,}4 \cdot 10^{-2}$ | 0,26 | –40 |
| Poly-(1-methyl-2-vinyl-pyridinium) | 0,6 | $1{,}8 \cdot 10^{-2}$ | 0,31 | |
| Poly-(1-methyl-4-vinyl-pyridinium) | 0,5 | $6{,}4 \cdot 10^{-2}$ | 0,18 | –40 |
| Poly-(1-methyl-2-vinyl-chinolinium) | 1,1 | $1{,}1 \cdot 10^{-2}$ | 0,22 | –40 |
| Poly-(1-methyl-4-vinyl-chinolinium) | 1,0 | $1{,}6 \cdot 10^{-2}$ | 0,21 | –30 |

**Tabelle 6–6**
**Elektrische Eigenschaften von (Polykation)$^{n+}$J$_n^-$J$_m^0$-Polymeren nach [6.14]. Maximalwerte von $\sigma$**

| Polykation | $m/n$ | $\sigma$ in $\Omega^{-1}$ cm$^{-1}$ | $W_A$ in eV | $S$ in µV/K |
|---|---|---|---|---|
| Poly-(1-vinyl-pyridinium) | 10 | $1{,}2 \cdot 10^{-4}$ | 1,3 | +80 |
| Poly-(1-methyl-2-vinyl-pyridinium) | 10 | $9{,}0 \cdot 10^{-5}$ | 1,2 | +90 |
| Poly-(1-methyl-4-vinyl-pyridinium) | 10 | $3{,}2 \cdot 10^{-5}$ | 1,3 | +120 |
| Poly-(1-methyl-2-vinyl-chinolinium) | 10 | $7{,}9 \cdot 10^{-4}$ | 0,95 | +160 |
| Poly-(1-methyl-4-vinyl-chinolinium) | 10 | $4{,}2 \cdot 10^{-4}$ | 1,0 | +150 |

Gegenwärtig vollzieht sich in der Synthese geeigneter organischer Halbleiter auf Polymerbasis ein weiterer rasanter Fortschritt [6.15].

# 7. Organische halbleitende Molekülkristalle

## 7.1. *Übersicht*

Die Einteilung halbleitender organischer Molekülkristalle ist nicht ganz willkürfrei. Wir wollen so vorgehen, daß wir die wichtigsten Stoffklassen erfassen können. Dann bietet sich folgendes Schema an:

- polyzyklische Aromaten und ihre Derivate,
- Halogen- und Alkalimetallkomplexe,
- Ladungsübertragungskomplexe zwischen zwei organischen Molekülen,
- heterozyklische Verbindungen,
- metallorganische Verbindungen.

Die polyzyklischen Aromaten gehören zu den zuerst auf Halbleitereigenschaften untersuchten Substanzen. Hauptvertreter ist das Anthrazen, dem wir einen gesonderten Abschnitt widmen, weil es entsprechend tiefgehend untersucht worden ist. Viele dieser Substanzen finden sich als natürliches Vorkommen im Steinkohlenteer. Sie besitzen die geforderte planare konjugierte Struktur des einzelnen Moleküls in beispielhafter Weise. Man kann erwarten, daß die Leitfähigkeit dieser Molekülkristalle mit der Zahl der im Molekül kondensierten Benzolringe zunimmt und daß die Aktivierungsenergie des $\pi$-Elektronensystems etwa entsprechend (5.3) abnimmt. Das ist, wie es die Abbildungen 7-1 und 7-2 ausweisen, tatsächlich der Fall. Die Leitfähigkeiten sind außerordentlich niedrig und oft erst bei Temperaturerhöhung meßbar. Viele früher tabellierte Leitfähigkeitswerte, die etwas anderes auswiesen, wurden ohne exakte Beachtung der injizierten Ladungsträger und des Fremdstoffgehaltes gewonnen. An Hand solcher niedermolekularer organischer Halbleiter läßt sich gut zeigen, wie die Verlängerung des Konjugationssystems eigenschaftsverändernd wirkt. Schmidt und Hamann konnten das

| Struktur | Name | $W_A$ in eV |
|---|---|---|
|  | Ovalen | 0,56 |
|  | m-Naphthodianthren | 0,60 |
| 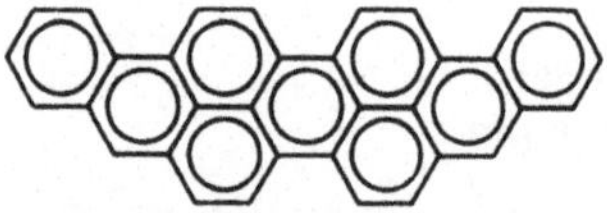 | Violanthren | 0,85 |
| 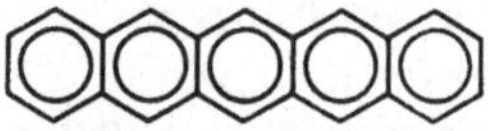 | Pentazen | 0,86 |
| 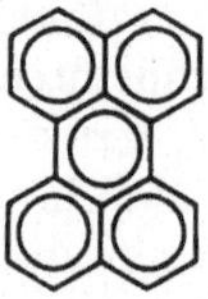 | Perylen | 0,97 |
|  | Pyren | 1,03 |
| 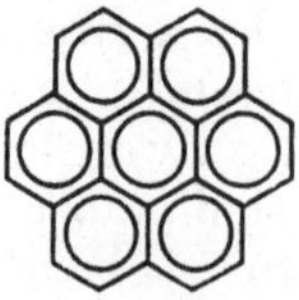 | Coronen | 1,15 |
| 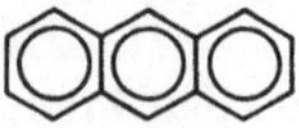 | Anthrazen | 1,9 |
| 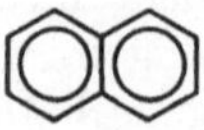 | Naphthalin | 3,7 |

Abb. 7–1. Aktivierungsenergien $W_A$ der Leitfähigkeit polyzyklischer Aromaten

für eine Folge von Polyenen mit endständigen Akzeptorgruppen für die elektrischen und thermoelektrischen Eigenschaften nachweisen [7.1] (vgl. Abb. 7–3).

Zu den Halogen- und Alkalimetallkomplexen gehört auch eine ganze Reihe von Farbstoffen, die wir bei den monomeren organischen Photoleitern noch besonders

| Struktur | Name | $\mu_M$ in cm²/Vs | $\mu_p$ in cm²/Vs |
|---|---|---|---|
|  | Benol | 1,5 | 2,0 |
| 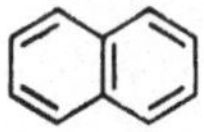 | Naphthalin | 0,7 | 1,4 |
| 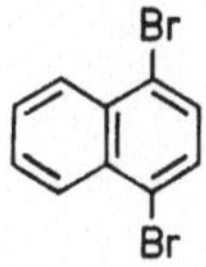 Br, Br | 1,4-Dibrom-Naphthalin | 0,03 | 0,9 |
| 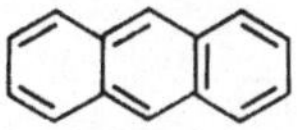 | Anthrazen | 2,0 | 2,0 |
| 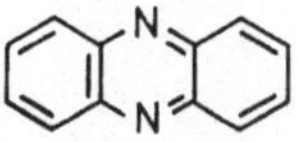 N, N | Phenazin | 1,1 | — |
| 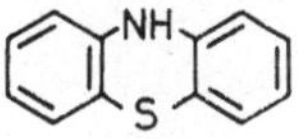 NH, S | Phenothiazin | 5 | 0,1 |
| 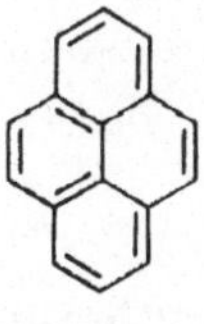 | Pyren | — | 0,35 |
| 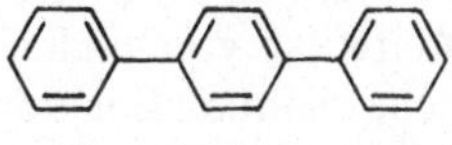 | p-Terphenyl | — | $3 \cdot 10^{-2}$ |
| 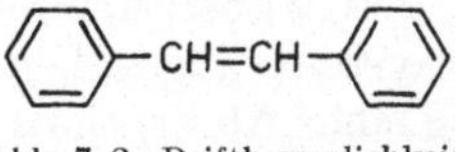 CH=CH | Stilben | — | $2 \cdot 10^{-3}$ |

Abb. 7–2. Driftbeweglichkeiten in organischen Molekülkristallen (Die erstgenannte Substanz muß Benzol heißen)

hervorheben werden. Zum Beispiel bildet das Triphenylmethan den Grundkörper der Triphenylmethanfarbstoffe, wie Malachitgrün, Fuchsin oder Kristallviolett, die meist als Chlorid vorliegen. Verwandte Verbindungen sind die

$$(NC)_2C=CH\left(CH=CH\right)_n CH=C(CN)_2$$

| $n$ | $W_1/\mathrm{eV}$ | $\sigma/(\Omega\,\mathrm{cm})^{-1}$ | $S/\mu\mathrm{VK}^{-1}$ |
|---|---|---|---|
| 1 | 0,77 | $1{,}7\cdot10^{-14}$ | −370 |
| 2 | 0,71 | $2{,}4\cdot10^{-12}$ | −640 |
| 3 | 0,50 | $4{,}7\cdot10^{-12}$ | −940 |

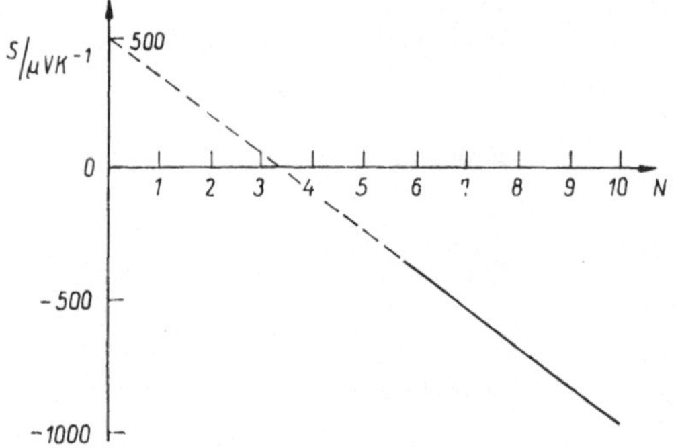


Abb. 7–3. Gezielte Veränderung der Länge eines Konjugationssystems nach [7.1]
$N$ = Zahl der $\pi$-Elektronen,
$S = -143\,(N - 3{,}4)\,\mu\mathrm{VK}^{-1}$

Phthaleine wie das Eosin und das Erythrosin. Der Ionencharakter des Konjugationssystems ist von bedeutendem Einfluß auf den Leitungsmechanismus. Bei den kationischen Farbsalzen wird von den Substituenten ein Elektron an das Konjugationssystem abgegeben. Gleichzeitig kommt es zur Entstehung einer Absorptionsbande im sichtbaren Spektralbereich und damit zur

Farbvertiefung des Komplexes. Solche Substituenten sind in der Reihenfolge zunehmender auxochromer Wirkung

$$-CH_3, -OH, -OCH_3, -NH_2, -NHCH_3, -N(CH_3)_2.$$

Diese Wirkung läßt sich als eine Wechselwirkung der einsamen Elektronenpaare des Sauerstoffs und des Stickstoffs mit benachbarten $\pi$-Elektronen auffassen. Bei den anionischen Farbstoffen sind die Substituenten in der Lage, Elektronen des Konjugationssystems aufzunehmen. Diese Eigenschaft wächst in der Reihenfolge

$$-SO_2NH_2,\ -C{\overset{\displaystyle /\!\!/ O}{\underset{\displaystyle \backslash O^{\ominus}}{}}},\ -C{\equiv}N,\ -C{\overset{\displaystyle /\!\!/ O}{\underset{\displaystyle \backslash OH}{}}},$$

$$-C{\overset{\displaystyle /\!\!/ O}{\underset{\displaystyle \backslash CH_3}{}}},\ -C{\overset{\displaystyle /\!\!/ O}{\underset{\displaystyle \backslash H}{}}},\ -N^{\oplus}{\overset{\displaystyle /\!\!/ O}{\underset{\displaystyle \backslash O^{\ominus}}{}}}.$$

Polyzyklische Aromaten und ihre Derivate bilden leicht additive Molekülkomplexe mit Brom oder Jod. In gleichem Maße sind aromatische Moleküle befähigt, als Elektronenakzeptoren zu wirken und Komplexe mit Alkalimetallen zu bilden, die hier aber oft nicht in einem stöchiometrischen Verhältnis vorliegen. In beiden Fällen können sich die Komplexpartner Alkalimetall oder Halogen aktiv am Ladungstransport beteiligen (s. auch Tab. 7-1). Auch das TCNQ und viele andere Moleküle können als Partner in solche Komplexe eintreten.

Molekülkomplexe entstehen durch Komplexbildung aus zwei organischen Molekülen mit Akzeptor- und Donatorcharakter. Ein bestimmtes Molekül kann in Abhängigkeit von seinem Partner auch beide Funktionen des Akzeptors oder Donators in verschiedenen Komplexen wahrnehmen. Oft benutzte Akzeptorbausteine sind Tetrazyanchinodimethan und andere Chinone, Tetrazyanäthylen, verschiedene Polynitroaromate, Chloranil, Bromanil usw. Als Donatoren fungieren dagegen vor-

Tabelle 7–1

Elektrische Eigenschaften von Halogen- und Alkalimetall-Komplexen organischer Monomere

| Komplex | $\sigma$ in $\Omega^{-1}$cm$^{-1}$ | $W_A$ in eV | $S$ in $\mu$V/K | Literatur |
|---|---|---|---|---|
| (Perylen) $I_2$ | 0,3···0,5 | 0,02···0,04 | −10 | [7.2] |
| (Perylen) $Br_2$ | 0,12 | 0,18 | | [7.3] |
| (Coronen) $I_2$ | $10^{-8}$ | 0,5 | +1500 | [7.2] |
| (Pyridazin) I → ( ) $I_{1,4}$ | 0,02···1 | 0,01···0,15 | | [7.4] |
| Cs (TCNQ) | $3 \cdot 10^{-4}$ | 0,30 | | [7.5] |
| $Cs_2$ $(TCNQ)_3$ | $10^{-3}$ | 0,30 | | [7.6] |
| Ag (TCNQ) | $2 \cdot 10^{-5}$ | 0,37 | | [Z 18] |
| Na (TCNQ) | $10^{-5}$ | 0,33 | | [Z 18] |
| Ba $(TCNQ)_2$ | $2 \cdot 10^{-8}$ | 0,45 | | [Z 18] |
| Cu (TCNQ) | $5 \cdot 10^{-3}$ | 0,26 | | [7.5] |
| K (TCNQ) | $10^{-4}$ | 0,35 | | [Z 18] |
| Li (TCNQ) | $5 \cdot 10^{-5}$ | 0,32 | | [Z 18] |

wiegend Aromaten, deren Derivate, Tetramethyl-p-phenylendiamin, p-Phenylendiamin, Triphenylmethylphosphonium usw. Ladungsübertragungskomplexe dieses Typs sind meist wenig temperaturbeständig, weil die Komplexbildung nur mit geringfügigen Eingriffen in die Struktur der Komponenten einhergeht. In manchen uns hier allerdings nicht interessierenden Fällen sind sie nur in der gelösten Form zu erhalten. Die Stabilität der Komplexe steigt mit wachsender Elektronenaffinität des Akzeptormoleküls und sinkender Ionisierungsenergie des Donatormoleküls. Wenn bei der Wechselwirkung der Komponenten tatsächlich überwiegend ein Elektrontransfer vom Donator $D$ zum Akzeptor $A$ erfolgt, spricht man von einem Charge-Transfer-Komplex. Nach MULLIKAN muß man eine Komplexmesomerie der Form

$$A, D \rightarrow A^{\ominus} - D^{\oplus}$$

annehmen, d. h., es stellt sich ein Gleichgewicht zwischen dem Komplexzustand und dem Zustand ohne $D$-$A$-Wechselwirkung ein. Die gut halbleitenden und leitenden Komplexe gehören zu der Kategorie, in der das Gleich-

Tabelle 7–2

Eigenschaften von CT-Komplexen vom Halbleitertyp

| Komplex ($D$-$A$) | $\sigma$ in $\Omega^{-1}$ cm$^{-1}$ | $W_A$ in eV | $S$ in µV/K | Literatur |
|---|---|---|---|---|
| p-Phenylendiamin-Chloranil | $10^{-7}$ | 0,66 | +1000 | [7.2] |
| Diaminodurol-Chloranil | $10^{-4}$ | 0,29 | +300 | [7.2] |
| 3,8-Diaminopyren-Bromanil | $10^{-3}$ | 0,15 | +100 | [7.2] |
| 3,8-Diaminopyren-Jodanil | $10^{-6}$ | 0,41 | +700 | [7.2] |
| (Tetrathiotetrazen)$_3$-Chloranil | 0,5 | 0,20 | | [7.7] |
| p-Phenylendiamin-TCNQ | $2 \cdot 10^{-4}$ | 0,17 | | [7.8] |
| Tetramethyl-p-Phenylendiamin-TCNQ | $1{,}4 \cdot 10^{-6}$ | 0,36 | | [7.8] |
| Tetrathiotetrazen-Tetrazyanäthylen | $6 \cdot 10^{-2}$ | | | [7.7] |

Tabelle 7–3

Chemische Zusammensetzung und Eigenschaften des p-Phenylendiamin-p-Chloranil-Komplexes (PDC) nach [7.9]

| Behandlung, Herstellung | $\sigma$ in $\Omega^{-1}$ cm$^{-1}$ | $W_A$ in eV | $S$ in µV/K |
|---|---|---|---|
| PD und C 2 × umkristallisiert | $8{,}6 \cdot 10^{-10}$ | 0,69 | +96 |
| PD 1 × destilliert, C 2 × umkristallisiert | $1{,}9 \cdot 10^{-9}$ | 0,56 | +54 |
| 1. Messung 20–70–20 °C | $8{,}6 \cdot 10^{-9}$ | 0,52 | |
| 5. Messung 20–70–20 °C | $2{,}0 \cdot 10^{-10}$ | 0,59 | |
| Lösungsmittel-Einbau 1 : 0,5 | | | |
| Äthylbenzol | $2{,}3 \cdot 10^{-10}$ | 0,74 | +515 |
| Toluol | $2{,}1 \cdot 10^{-10}$ | 0,69 | +330 |
| o-Xylol | $4{,}1 \cdot 10^{-10}$ | 0,65 | +405 |
| p-Xylol | $2{,}3 \cdot 10^{-10}$ | 0,67 | +515 |
| Benzol | $4{,}2 \cdot 10^{-10}$ | 0,74 | +54 |
| Chlorbenzol | $6{,}0 \cdot 10^{-10}$ | 0,54 | +430 |
| Brombenzol | $8{,}3 \cdot 10^{-10}$ | 0,68 | +410 |
| Lösungsmitteleinbau 1 : 0,3 | | | |
| Methylenchlorid | $2{,}0 \cdot 10^{-7}$ | 0,57 | +380 |
| Chloroform | $2{,}8 \cdot 10^{-10}$ | 0,69 | +325 |
| Tetrachlorkohlenstoff | $2{,}0 \cdot 10^{-11}$ | 0,82 | +345 |
| Äthylenchlorid | $5{,}0 \cdot 10^{-10}$ | 0,68 | +420 |

Tabelle 7–4

Leitfähige TCNQ-Komplexe

| Donator | $\sigma$ in $\Omega^{-1}$ cm$^{-1}$ |
|---|---|
| 2-Aminomethylpyridin | 0,007 |
| Triäthylammonium | 0,05 – 0,15 |
| 3-Aminopyridin | 0,16 |
| Methyläthylbenzimidazol | 0,56 |
| 2-Amino-4-methylpyridin | 1,1 |
| 2-Amino-4,6-dimethylpyridin | 1,2 |
| Benzo-7,8-chinolin | 1,7 |
| Chinolin | 2,0 |
| 3-Aminochinolin | 2,6 |
| Akridin | 3,3 |
| 2-Amino-3-methylpyridin | 3,5 |
| N-Methylphenazin | 33 |

gewicht nahezu vollständig nach rechts, zur Seite der Ladungsübertragung, verschoben ist. Tabelle 7–2 stellt einige Eigenschaften von halbleitenden CT-Komplexen zusammen. Greift man nun einen Komplex heraus und untersucht ihn näher, dann wird der ganze komplizierte Einfluß der Herstellungsbedingungen deutlich (Tab. 7–3). Schließlich sind in Tabelle 7–4 einige besonders leitfähige TCNQ-Komplexe aufgelistet.

Die Porphyrine und Phthalozyanine sind heterozyklische konjugierte Systeme von hoher Komplanarität. Derartige Makroringe (vgl. Abb. 5–6) sind thermisch bis über 500 °C stabil, zeichnen sich durch eine hohe Stabilität gegen Chemikalien aus und widerstehen auch der Einwirkung von radioaktiver Strahlung sehr gut. Viele dieser Substanzen gehören gleichzeitig zu den metallorganischen Verbindungen (vgl. Tab. 5–2). Ihre Verwandtschaft zu einer Reihe wichtiger Naturstoffe wie Chlorophyll und Hämin ist eng.

## 7.2. *Anthrazen*

Hochreines einkristallines Anthrazen und verschieden dotierte Kristalle dieses aromatischen Kohlenwasserstoffs gehören zu den am besten untersuchten organischen Halbleitern. Die monokline Kristallstruktur des Anthrazenkristalls ist seit langem gut bekannt (Abb. 7-4). Hier sind die Molekülabstände etwas zu groß wiedergegeben, um die räumliche Lage der Moleküle deutlicher hervor-

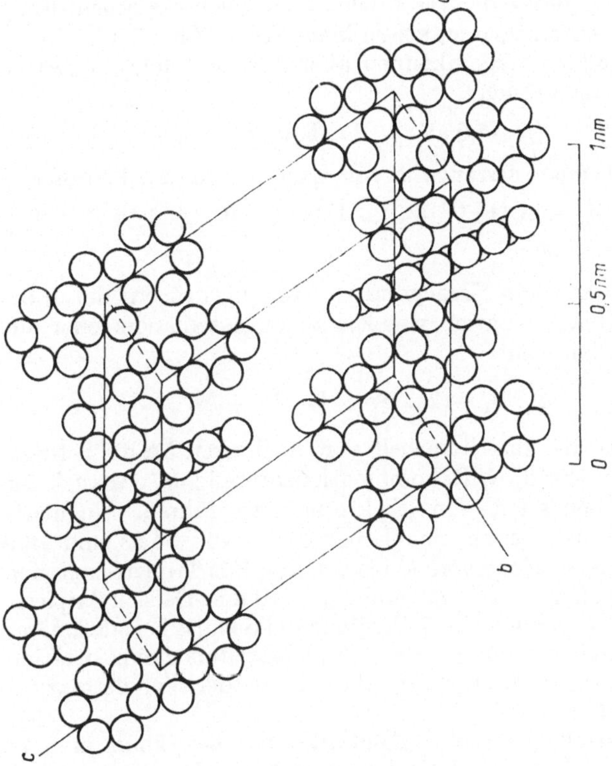


Abb. 7-4. Elementarzelle des Anthrazeneinkristalls

treten zu lassen. Im Prinzip gilt auch hier eine Stapelung mit möglichst hoher Packungsdichte. Die Abmessungen der Elementarzelle sind $a = 0{,}8561$ nm; $b = 0{,}6036$ nm; $c = 1{,}1163$ nm; $\beta = 124°\,42'$. In der Elementarzelle sind zwei Moleküle enthalten. Als dominierende Habitusfläche an Einkristallen ist die (001)-Fläche zu beobachten. Sie ist die Netzebene mit der höchsten molekularen Packungsdichte. Über die (001)-Netzebenen hinweg findet keine Überlappung der Moleküle statt. Das erklärt, warum die (001)-Spaltfläche bei mechanischer Beanspruchung von Anthrazenkristallen bevorzugt auftritt. Auf Grund der hohen Breite der verbotenen Zone spielt die Eigenleitung des Anthrazens praktisch keine Rolle (Abb. 7–5).

Ladungsträger können aber z. B. auf folgende Arten erzeugt werden:

— $h\nu = 3{,}9 \cdots 5{,}0$ eV — Band-Band-Anregung, $q \approx 10^{-4}$,

— primäre Erzeugung von Exzitonen durch Photonen: $W_{S_1} = 3{,}11$ eV, $W_{S_2} = 4{,}92$ eV, $W_{T_1} = 1{,}84$ eV, $W_{T_2} = 3{,}30$ eV,

— sekundäre Erzeugung von Ladungsträgern durch die Rekombination von Exzitonen miteinander oder mit Photonen:

$$S_1 + S_2;\ S_1 + T_1;\ S_1 + h\nu;\ T_1 + h\nu.$$

Da die Austrittsarbeit von Anthrazen 5,8 eV beträgt, reicht der $S_1$-$S_1$-Rekombinationsprozeß aus, um auch zur Photoemission von Elektronen zu führen. Singulettexzitonen haben eine Lebensdauer von 26 ns und eine Diffusionslänge von 50 bis 200 nm. Für Triplettexzitonen ($T$) gelten $\tau \approx 10$ ms und $L_D \approx 10\ \mu$m. Da sich Triplettexzitonen auch aus $S$-Exzitonen bilden, ist bei stationärer Lichteinstrahlung die Triplettexzitonenkonzentration etwa einen Faktor $10^4$ höher als die der Singulettexzitonen. ($S$).

Mittels geeigneter Kontaktmaterialien kann man in einen Anthrazenkristall so viele Ladungsträger inji-

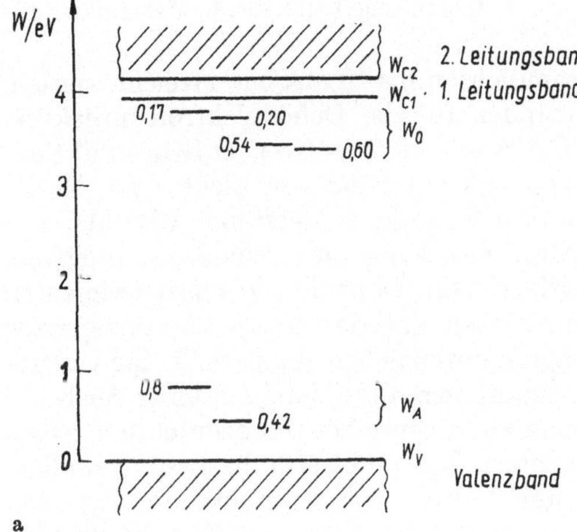


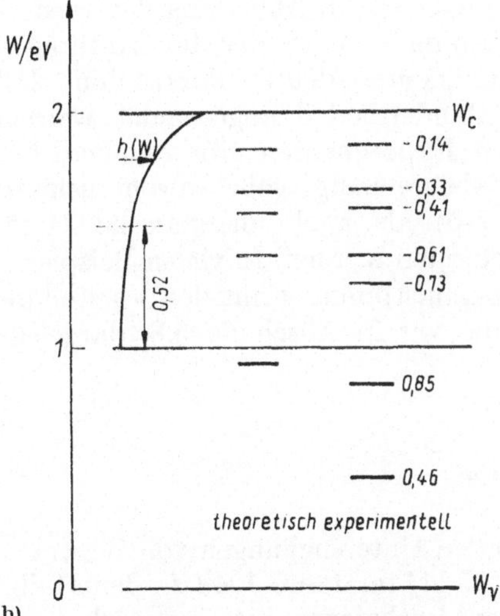


Abb. 7–5. a) Bänderschema des Anthrazens

Donatorniveaus ($W_D$) von oben nach unten durch Tetrazen, Akridin, Phenazin, Anthrochinon; Akzeptorniveaus ($W_A$) von unten nach oben durch Tetrazen und Phenothiazin

b) Zusammenstellung der Störzentren in Bänderschemen des $\beta$-CuPc, $h(W)$ experimentelle Verteilung von Elektronenhaftstellen

zieren, daß Stromdichten bis 10 mA/cm² erreicht werden. Geeignete Elektroden für die Defektelektroneninjektion sind: $KJ/J_2$; $Ce^{4+}/Ce^{3+}$ in 2-molarer $H_2SO_4$ und CuJ. Elektronen lassen sich mit Hilfe von Elektrolyt-, Na/K- oder Na/Anthrazen-Kontakten, letzterer Kontakt aus einer Tetrahydrofuranlösung abgeschieden, injizieren. Auf der Grundlage von Doppelinjektionsexperimenten läßt sich in Anthrazen gut der Rekombinationsprozeß von Ladungsträgern untersuchen. Man erhält eine violette Rekombinationslumineszenzstrahlung mit einer Ausbeute von 20%. Transitexperimente bei Doppelinjektion zeigen exakt an, zu welchem Zeitpunkt sich die Ladungswolken im Kristall unter teilweiser Rekombination begegnen und wann diese an den entgegengesetzten Elektroden eintreffen. Mit Hilfe des Ladungsträgertransits wurden nach Gleichung (5.84) auch die in Abbildung 7–2 wiedergegebenen Werte gewonnen. Viele der für Anthrazen gefundenen Gesetzmäßigkeiten deuten darauf hin, daß in diesem Fall das Bändermodell angewendet werden kann. Eine Fülle von Experimenten gibt es allerdings auch zur Raumladungsbegrenzung, wobei sowohl diskrete Niveaus (vgl. Abb. 7–5) als auch energetische Haftstellenverteilungen gefunden wurden. In vielen Beispielen ist eine recht gute Übereinstimmung mit den Vorstellungen erzielt worden, die wir in Abschnitt 5.8. dargelegt haben.

## *7.3. Phthalozyanine*

Seit den grundlegenden Untersuchungen von Wartanjan [7.10] und Eley [7.11] im Jahre 1948 zu den Halbleitereigenschaften von Phthalozyaninen hat sich diese Substanzklasse zu einem wichtigen Untersuchungsobjekt der Festkörperphysik entwickelt. An dieser Modellsubstanz sind in der vollen Breite der Eigenschaften festkörperphysikalische Zusammenhänge erarbeitet worden. Wenn man sich die erreichbare Variationsbreite dieser Substanzklasse vor Augen führen will, dann sollte man sich an Hand von Abbildung 5–7 überlegen, welche Vielfalt allein der Einbau von verschiedenen Metallen im Molekülzentrum zuläßt. Dabei kommt es auch zur Ausbildung von Molekülen, die geringfügig von der Planarität abweichen (vgl. Kapitel 10.). Derartige Moleküle sind insbesondere als Dotierungsmoleküle geeignet. Sehr gelungene, systematische Arbeiten zum Einfluß der Molekülstruktur auf die elektrischen Eigenschaften lassen sich speziell dadurch durchführen, daß man recht gezielt die 16 Wasserstoffatome des Makrorings durch z. B. Chloratome substituieren kann. Offensichtlich besitzt auch jedes Phthalozyanin mehrere Kristallmodifikationen. Beim CuPc sind es mehrere monokline, eine trikline, mehrere Hochdruckmodifikationen und die dimerisierte X-Form. Zwischen den verschiedenen Modifikationen finden teilweise irreversible Modifikationswechsel statt. Da es sich bei den meisten Phthalozyaninen um Stoffe handelt, die man im Vakuum unzersetzt bei etwa 400 °C sublimieren kann, lassen sich Dünnschichten herstellen. Weil die Einkristalle Nadelform haben, scheiden sich auch in der dünnen Schicht der $\alpha$-Modifikation kleine Nadeln ab. Es ist dabei charakteristisch, daß zunächst eine Schicht von Kristalliten mit der Nadelachse parallel zur Unterlage aufwächst und dann auf dieser ersten Schicht sekundär ein Wachstum der Kristallite mit bevorzugt 20° Neigung zwischen Nadelachse, die gleichzeitig Stapelachse ist, und Substratnormale erfolgt [7.12].

Für das CuPc mit einer monoklinen Elementarzelle der $\beta$-Modifikation der Abmessung $a$, $b$, $c$ = 1,96 nm; 0,479 nm; 1,46 nm; $\beta = 90{,}4°$ ergibt eine Fülle von Leitfähigkeits-, Thermospannungs-, TSC- und anderen Messungen das Bänderschema von Abbildung 7–5. Speziell die exponentielle Haftstellenverteilung wurde in Dünnschichten der $\alpha$- und $\beta$-Modifikation und an der Oberfläche von $\beta$-CuPc-Einkristallen gefunden. Seit langem ist bekannt, daß Phthalozyaninkristalle Stufenversetzungen enthalten [7.13]. Übrigens ist an Phthalozyaninen, begünstigt durch ihre große Elementarzelle, aber auch durch ihre Strahlenbeständigkeit, sowohl erstmals eine Stufenversetzung als auch erstmals ein Molekül im Elektronenmikroskop direkt sichtbar gemacht worden.

Im Rahmen des $\delta$-Modells konnte eine zufriedenstellende theoretische Deutung der diskreten Haftzentren und der laut Rückstrommessungen quasikontinuierlichen Haftstellenverteilung des Typs (5.61) mit einem mittleren Zentrenabstand von 0,013 eV gegeben werden. Das $\delta$-Modell eines organischen Halbleiters mit einem Leitungsmechanismus im Rahmen des Bändermodells [7.14] verwendet, ausgehend von der molekularen Stapelung konjugierter Bausteine als Potentialansatz für die Bewegung der $\pi$-Elektronen im Kristallgitter, anziehende $\delta$-Funktionen in Stapelrichtung und abstoßende $\delta$-Funktionen in Richtung zum Nachbarstapel, die periodisch am Ort der Molekülscheiben liegen. Mit Hilfe dieses Modells konnten die zu Stufenversetzung führenden Stapelabbrüche im Inneren des Kristalls als der Sitz diskreter Haftniveaus erkannt werden. Das Ergebnis dieser Rechnung ist in Abbildung 7–5 mit den experimentellen Werten verglichen. Auch an der natürlich gewachsenen Oberfläche und an der geätzten Fläche ist eine Vielzahl von Stapelabbrüchen des in Abbildung 7–6b dargestellten Typs zu erwarten (vgl. auch mit der Ätzbildserie Abb. 7–7). Die Bandstrukturberechnung führt mit dem $\delta$-Modell auf die in Abbildung 7–8 gegebenen Bandabstände und Bandbreiten.

Auch hier lassen sich die Injektionsströme in bestechender Übereinstimmung mit der Theorie raumladungsbegrenzter Ströme erfassen. Durch gezielte Dotierung, z. B. von CuPc mit Vanadyl-Phthalozyanin (VOPc), wobei sich ein echter Mischkristall bildet, kann man die Ladungsträgerkonzentration und die Beweglichkeit variieren (Tab. 7–5). Das Donatorniveau VOPc hat eine Tiefe $W_c - W_D$ von 1,04 eV. Die mit dieser Störleitung zusammenhängenden Probleme können mit Hilfe des

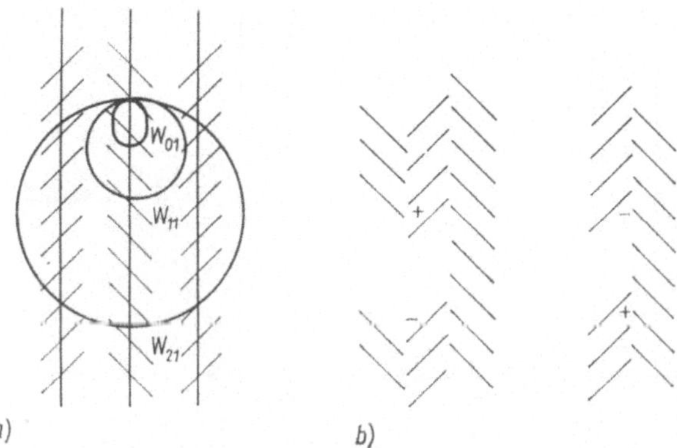


Abb. 7–6. a) Stufenversetzungen im Inneren und b) Stapelabbrüche an der Oberfläche von CuPc-Einkristallen

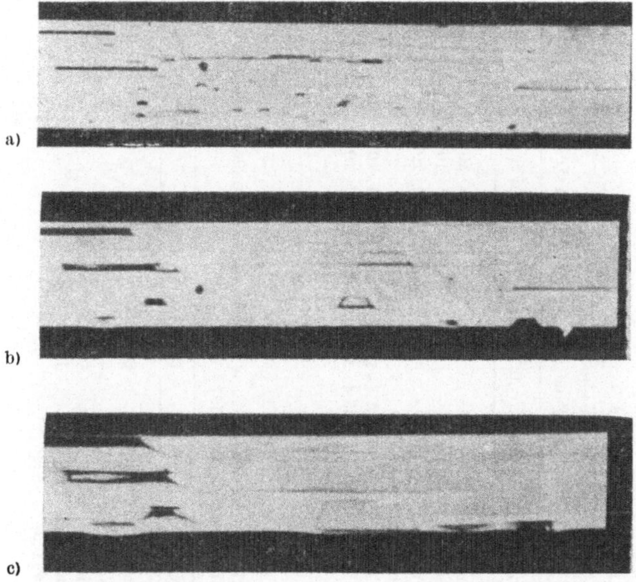


Abb. 7–7. Ätzbildserie nach [7.15]

Tabelle 7–5

**Zur Dotierung von CuPc mit VOPc**
**Auf Grund seines nichtplanaren Baues neigt das VOPc-Molekül offensichtlich auch zur Bildung von Eigenstörungen**

| Dünnschicht | $N_D$ in $cm^{-3}$ | $n$ in $cm^{-3}$ | $\mu$ in $cm^2/Vs$ | $T_c$ in K | $H$ in $cm^{-3}$ |
|---|---|---|---|---|---|
| α-CuPc | – | $7{,}5 \cdot 10^2$ | 3,5 | 1800 | $6 \cdot 10^{14}$ |
| β-CuPc | – | $5{,}7 \cdot 10^2$ | 17 | 1700 | $6 \cdot 10^{15}$ |
| α-VOPc | – | $1{,}4 \cdot 10^8$ | 2,4 | 480 | $6 \cdot 10^{20}$ |
| α-CuPc/VOPc | | | | | |
| (9 : 1) | $1{,}7 \cdot 10^{20}$ | $8{,}0 \cdot 10^{10}$ | $9 \cdot 10^{-3}$ | 605 | $2{,}3 \cdot 10^{19}$ |
| (1 : 1) | $8{,}4 \cdot 10^{20}$ | $3{,}9 \cdot 10^{11}$ | $8 \cdot 10^{-4}$ | 460 | $1{,}9 \cdot 10^{20}$ |

Tabelle 7–6

**Wirkung der systematischen Veränderung eines molekularen Bausteins auf die Halbleitereigenschaften.** Chlorierung von **Kupferphthalozyanin nach [7.18]**

| Substanz | $C_{32}N_8H_{16}Cu$ | $C_{32}N_8H_{15}Cl_1Cu$ | $C_{32}N_8H_{12}Cl_4Cu$ | $C_{32}N_8Cl_{16}Cu$ |
|---|---|---|---|---|
| $\sigma$ in $\Omega^{-1}\,cm^{-1}$ | $2{,}0 \cdot 10^{-15}$ | $7{,}4 \cdot 10^{-16}$ | $3{,}2 \cdot 10^{-16}$ | $2{,}3 \cdot 10^{-13}$ |
| $W_A$ in eV | 0,98 | 0,74 | 0,86 | 0,25 |
| $H$ in $cm^{-3}$ | $6 \cdot 10^{14}$ | $4 \cdot 10^{15}$ | $5 \cdot 10^{15}$ | $8 \cdot 10^{15}$ |
| $T_c$ aus (5.64) in K | 1800 | 380 | 1460 | 750 |
| $T_c$ aus (5.79) in K | 900 | 750 | 1700 | 550 |
| $j_{ph}/j_0$ | $10^3$ | 30 | 30 | 15 |

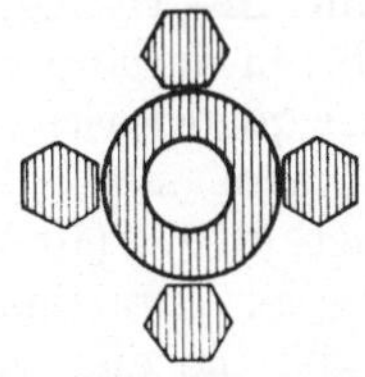

| | | Bandbreiten | | Bandabstände | | |
|---|---|---|---|---|---|---|
| | | VB | LB | $\Delta W_g$ | $\Delta W_0$ | $\Delta W_M$ |
| ac-Ebene | 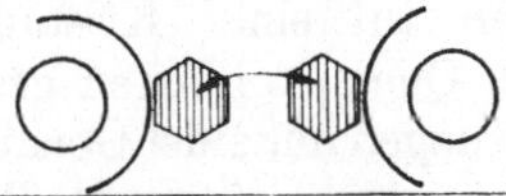 | 0,047 | 0,17 | 1,59 | 1,76 | 1,71 |
| | 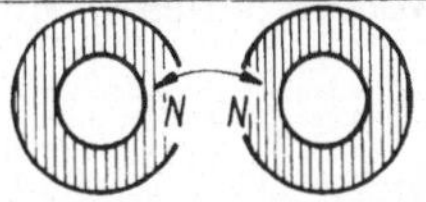 N N | 0,029 | 0,12 | 1,64 | 1,76 | 1,73 |
| b-Achse | | 0,050 | 0,21 | 1,78 | 1,83 | 1,72 |

Abb. 7–8. Bandstruktur des β-CuPc nach dem δ-Modell [7.14] Angaben in eV
*VB*: Valenzband,
*LB*: Leitungsband,
$W_g$: Abstand Valenzbandoberkante zur Leitungsbandunterkante,
$W_0$: Abstand der beiden Bänder im Grenzfall verschwindender Bandbreite,
$W_M$: Energiedifferenz der mittleren Wellenzahlen in den Bändern

Formalismus in Abschnitt 5.7. gut beschrieben werden [7.6]. Die thermoelektrischen Eigenschaften der Phthalozyanine sind mit den Gleichungen (5.51) bis (5.53) beschreibbar. Es werden oft differentielle Thermospannungen von mehreren mV/K beobachtet [7.12]. Den Gang bestimmter physikalischer Eigenschaften mit dem Substitutionsgrad von außenständigem Chlor in Cu-Pc stellt die Übersicht Tabelle 7–6 dar.

## 7.4. *Halbleitende TCNQ-Komplexe*

Aus der Fülle der vorliegenden Untersuchungsergebnisse wollen wir auf der Basis einiger Potsdamer Arbeiten unter der Leitung von Hänsel etwas näher auf Resultate an Triphenylmethylphosphonium-$(TCNQ)_2$ und Triphenylmethylarsonium-$(TCNQ)_2$ (P-$(TCNQ)_2$ und As-$(TCNQ)_2$) eingehen [7.17]. Hierbei handelt es sich um ausgesprochen anisotrope Halbleiter. Mit Hilfe einer quadratischen Viersondenanordnung ($1{,}0 \times 1{,}0\ mm^2$) lassen sich die Potentialverhältnisse auf den gewachsenen (010)-, (100)- und (011)-Flächen ermitteln. Als Beispiel derartiger Meßergebnisse zeigt Abbildung 7-9 die normierten Längs- und Querspannungen auf einer Kristallfläche von P-$(TCNQ)_2$. Die Lage der Querspannungen gestattet es, elektrische Symmetrierichtungen mit einer Genauigkeit von $\pm 2°$ zu orten. Die Auswertung dieser Meßkurven

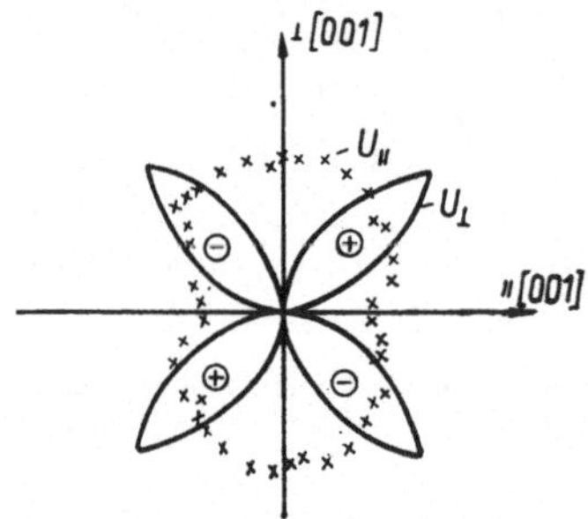


Abb. 7-9. Normierte Querspannung $U_{\perp}$ und Längsspannung $U_{\parallel}$ in der (010)-Fläche von P-$(TCNQ)_2$ nach [7.17]

stößt auf große Schwierigkeiten. Ein originelles Auswerteverfahren benutzt die theoretische und experimentelle Simulation durch ein ohmsches Widerstandsnetzwerk möglichst kleiner Maschenweite und großer Ausdehnung [7.17]. Das Ergebnis einer Simulation mit einem zweidimensionalen Netzwerk ist in Abbildung 7-10 zum Vergleich wiedergegeben. Die hohen Anisotropien der Leitfähigkeit von As-$(TCNQ)_2$ und P-$(TCNQ)_2$ sind in Tabelle 7-7 mit anderen Werten verglichen, die für verschiedene organische Halbleiter auftreten. Allgemein verstärkt sich die Anisotropie mit zunehmender Ladungsübertragung im Molekülkomplex. Das kann soweit führen, daß in einer Richtung metallische Leitfähigkeit vorliegt,

Tabelle 7–7

Elektrische Eigenschaften von TCNQ-Komplexen

| Einkristall | $\sigma$ in $\Omega^{-1}$ cm$^{-1}$ | $W_A$ in eV | Literatur |
|---|---|---|---|
| P-$(TCNQ)_2$ | $2 \cdot 10^{-2}$; $1 \cdot 10^{-3}$; $7 \cdot 10^{-6}$<br>$\parallel [01\bar{1}]$; $\perp [01\bar{1}]$; $\perp (100)$<br>2900 : 140 : 1 | 0,28; 0,26; 0,21<br>$\parallel [011]$; $\perp [011]$; $\perp (100)$<br>$>$ 290 K, einheitlich 0,30 | [7.17] |
| As-$(TCNQ)_2$ | $1{,}4 \cdot 10^{-2}$; $1{,}5 \cdot 10^{-3}$; $4{,}5 \cdot 10^{-6}$<br>$\perp [001]$; $\parallel [001]$; $\perp (100)$<br>3100 : 330 : 1 | 0,256; 0,196<br>$\perp [001]$; $\parallel [001]$; $\perp (100)$<br>$>$ 261 K, einheitlich 0,304 | [7.17] |
| Diaminoduren-Chloranil | $1{,}43 \cdot 10^{-4}$; $1{,}45 \cdot 10^{-5}$; $1{,}19 \cdot 10^{-5}$<br>$x$-; $y$-; $z$-Richtung | einheitlich 0,26 | [7.19] |
| 1,5-Diamino-naphthalin-Chloranil | $7{,}7 \cdot 10^{-10}$; $1{,}6 \cdot 10^{-12}$; $5 \cdot 10^{-12}$<br>$x$-; $y$-; $z$-Richtung<br>480 : 1 : 3 | 0,6; 0,74<br>$x$-; $y$-; $z$-Richtung | [7.19] |
| Kupferphthalozyanin | $7 \cdot 10^{-16}$; $2 \cdot 10^{-16}$<br>$b$-Achse in $(ac)$-Ebene<br>3,11 ··· 3,37 : 1 | einheitlich 0,98 | [7.12] |

während in den dazu senkrechten Richtungen Halbleitereigenschaften dominieren (vgl. Kapitel 10.). Molekülkristalle mit nahezu reiner VAN-DER-WAALS-Bindung sind nur geringfügig leitfähigkeitsanisotrop. Dieser Fakt steht

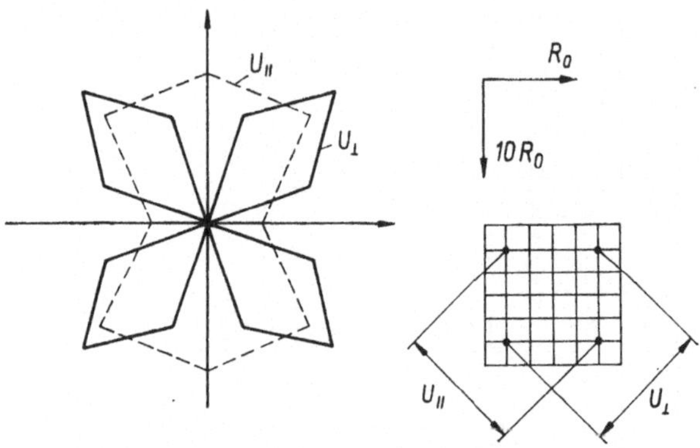


Abb. 7–10. Simulation der Quer- und Längsspannung ($U_{\perp}$ und $U_{\parallel}$) mit einem zweidimensionalen Widerstandsnetzwerk (Widerstandsverhältnis 1 : 10) nach [7.17]

beim CuPc in recht guter Übereinstimmung mit den nach dem $\delta$-Modell berechneten Bandbreiten (vgl. mit Abb.7–8). Übrigens trifft diese günstige Übereinstimmung auch auf den Bandabstand zu; denn die Rechnung geht von den Gitterabmessungen bei Zimmertemperatur aus und berechnet auch den Bandabstand bei dieser Temperatur. Bei den beiden hier näher betrachteten TCNQ-Komplexen ist eine deutliche Phasenumwandlung bei 290 K (P-$(TCNQ)_2$) bzw. 261 K (As-$(TCNQ)_2$) in der Aktivierungsenergie angezeigt. Diese Phasenumwandlungstemperatur hängt deutlich von der Kristallperfektion ab. Die Phasenumwandlung macht sich auch in einem Leitfähigkeitssprung von etwa einer halben Größenordnung bemerkbar. In allen kristallographischen Richtungen erfolgt eine Abnahme der Leitfähigkeit sprungartig bei Unterschreiten der Umwandlungstemperatur.

Besonders deutlich wird die Phasenumwandlung durch Messungen der differentiellen Thermospannung sichtbar. Ein sehr gelungenes Beispiel zeigt dafür Abbildung 7–11.

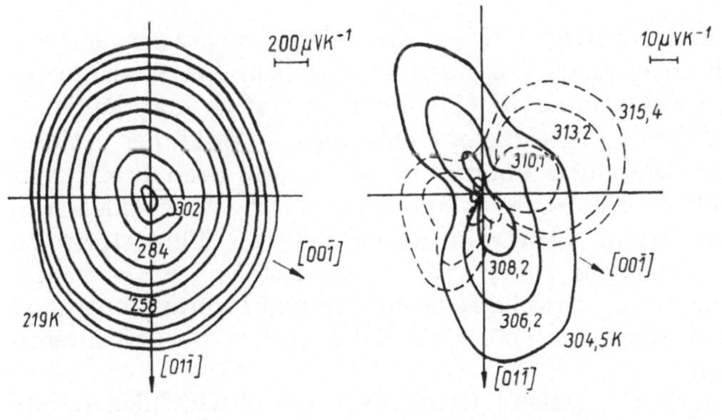


Abb. 7–11. Anisotropie der differentiellen Thermospannung $S$ eines As-$(TCNQ)_2$-Kristalls in der (100)-Fläche nach [7.17]. Temperaturangaben in K. Die Messungen erfolgten an zylindrischen Meßproben unter Vermeidung von Thermowirbelströmen

Die Hauptwerte des Seebeck-Koeffizienten koinzidieren unterhalb der Umwandlungstemperatur mit den Hauptrichtungen der spezifischen Leitfähigkeit. Der Nulldurchgang der differentiellen Thermospannung erfolgt in verschiedenen kristallographischen Richtungen bei etwas unterschiedlichen Temperaturen. Die Phasenumwandlung ist begleitet von sprunghaften Änderungen der Dichte, der Enthalpie, der Entropie und der Spindichte. P-$(TCNQ)_2$ ist unterhalb 250 K ein $p$-Leiter, oberhalb 310 K ein $n$-Leiter. Im Zwischenbereich liegt gemischte Leitung dieses organischen Halbleiters vor.

# 8. Organische Photoleiter

## *8.1. Photoleitende Polymere*

Gegenwärtig werden drei Wege eingeschlagen, um photoleitfähige Polymere herzustellen. Das sind die gezielte Synthese, die Glimmpolymerisation und die Sensibilisierung geeigneter polymerer Festkörper. Unter photoleitenden Polymeren wollen wir noch Stoffe verstehen, die es etwa erlauben, durch Einstrahlen von sichtbarem Licht ein Verhältnis von Photostrom zu Dunkelstrom von $j_{ph}/j_d$ von mindestens 2 zu erreichen. Für lichtelektrische Bauelemente und Informationsträger sind allerdings erst $j_{ph}/j_d$-Werte größer als $10^3$ interessant.

Um die gezielte Synthese von Polyxylylidenen und Polyarylenschwefeldiimiden mit Photoempfindlichkeiten bis ins Infrarotgebiet hinein hat sich vor allem Hörhold verdient gemacht [8.1]. Bei diesen Polymeren stimmen die Aktivierungsenergien der Dunkel- und Photoleitfähigkeit sowie die Energie der langwelligen Kante des Absorptionsspektrums und des Photoleitfähigkeitsspektrums sehr gut überein. Diese relativ niedermolekularen Polymere (Oligomere) werden mit sehr einheitlicher Struktur, auch weitgehend mit einheitlichem Polymerisationsgrad synthetisiert. In diese Kategorie ordnen sich, was die Photoleitfähigkeit und die definierte Struktur der monomeren Grundeinheit betrifft, Stoffe wie Polyvinylkarbazol, Polyvinylanthrazen, Polypyrenylmethylvinyläther, Polyakridin und Polyazenaphthylen ein (Abb. 8-1). Oft sind schon die monomeren Grundbausteine wie das Stilben [8.1] oder das Vinylkarbazol selber photoleitend. Damit ist natürlich prinzipiell ein Weg zur Synthese von organischen photoleitenden Polymeren gewiesen. Die Schwierigkeiten der Synthese selber sind oft sehr groß. Interessante Ergebnisse wurden zur Frage der Konvergenz physikalischer Eigenschaften von Oligomeren mit wach-

| Struktureinheit | Name des Photoleiters |
|---|---|
| $(-C_6H_4-CR=CR'-)_n$<br>$RR' = H, CN, -C_6H_5$ | Polyxylylidene |
| $(-C_6H_4-CR=N-)_n$<br>$R = H, -C_6H_5$ | Polyarylenazomethine |
| $(-C_6H_4-N=S=N-)_n$ | Polyarylenschwefeldiimid |
| $(-CH=C(C_6H_5)-)_n$ | Polyphenylazetylen |
| $(-CH-CH(N\text{-Carbazol})-)_n$ | Polyvinylkarbazol |

Abb. 8-1. Auswahl photoleitender Polymere

sendem Polymerisationsgrad $n$ erzielt. Es stellte sich das überraschende Ergebnis heraus, daß im Gegensatz zu den Polyenen, wo Konvergenz erst bei $n = 23$ auftritt, bei verschiedenen Polyxylylidenen die Konvergenzgrenze schon bei $n = 3$ erreicht ist [8.1]. Das gilt insbesondere für solche Eigenschaften wie das Elektronenniveauspektrum, das UV-Spektrum, das Reflexionsspektrum, die Aktivierungsenergie der Dunkelleitfähigkeit und die langwellige Kante der Photoempfindlichkeitskurve. Für

Polyxylylidene sind Aktivierungsenergien von ca. 1 eV, für Polyacrylenschwefeldiimide von 0,5 bis 1 eV typisch.

Photoleitende Glimmpolymerschichten sind nur unter schonenden Abscheidungsbedingungen aus der Dampfphase geeigneter Monomere herstellbar. Da nachgewiesen werden konnte, daß nahezu alle organischen Substanzen, die sich in die Dampfphase bringen lassen, auch durch eine Glimmentladung in irgendeiner Weise polymerisierbar sind, ergab sich hier für längere Zeit ein großes Experimentierfeld. Die Problematik dieses Polymerisationsvorgangs liegt darin, daß eine Glimmpolymerisation es nicht zuläßt, daß einheitliche Grundbausteine zur Polymerstruktur zusammengefügt werden. Vielmehr kommt es durch die relativ hohe Belastung der Monomeren bei Elektronen- und Ionenstößen zu einer Reihe von Nebenreaktionen, die das Monomermolekül teilweise spalten, verschieden aktivieren oder abbauen.

Einigen zusammenfassenden Arbeiten, wie denen von Bradley und Hammes [8.3] sowie von Kolotyrkin [8.4] kann entnommen werden, daß hohe Photoströme bei Polymerschichten, die aus Kohlenwasserstoffen gewonnen wurden, nicht auftreten. Eine Erhöhung des Photostroms war immer festzustellen, wenn die Zahl der Nitrilgruppen oder anderer funktioneller Gruppen zunahm oder wenn Schwefel eingebaut wurde. Die Steigerung der Photoempfindlichkeit bleibt dagegen aus, wenn gleichzeitig mit Schwefel Stickstoff oder Sauerstoff als Heteroatom enthalten ist. Offenbar ist das Erreichen wirklich günstiger Photoempfindlichkeiten an die Perfektion der Polymerstruktur gebunden.

Ein tatsächlich erfolgreicher Weg zu anwendungstechnisch interessanten photoleitenden Polymeren ist die Sensibilisierung im UV-Gebiet photoleitender Polymere [8.5, 8.6]. Bisher alles beherrschende Ausgangssubstanz ist Polyvinylkarbazol (s. Abb. 8–1). Polyvinylkarbazol (PVK) ist selber photoleitend (Abb. 8–2, Abb. 8–3). Seine Dunkelleitfähigkeit beträgt nur $\sigma \approx 10^{-18}\,\Omega^{-1}\,\mathrm{cm}^{-1}$. Diese Leitfähigkeit stellt sich erst

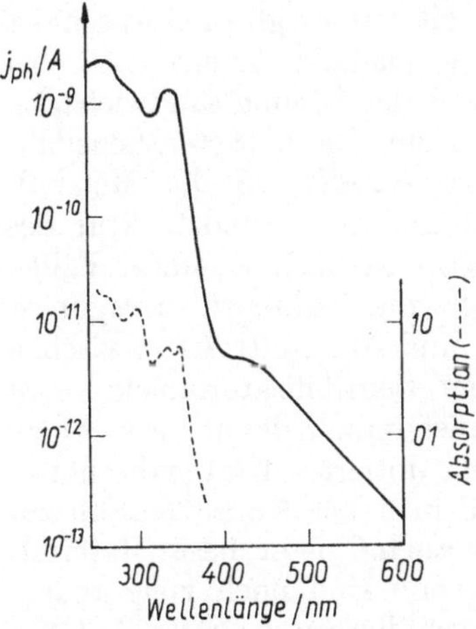


Abb. 8-2. Spektrale Abhängigkeit des Photostroms von reinem PVK, verglichen mit dem Absorptionsspektrum nach [8.5]

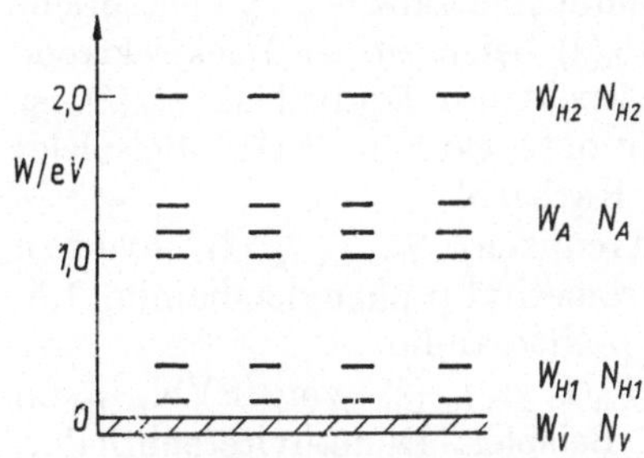


Abb. 8-3. Energieniveauschema des PVK nach [8.5]

nach sehr langer Zeit wie $\sigma \sim t^{-n}$ ein ($n = 0{,}4 \cdots 0{,}7$) und ist durch den POOLE-FRENKEL-Mechanismus deutbar. Diese Angaben gelten bei Kontaktmaterialien wie Gold oder Zinnoxid. Die Temperaturabhängigkeit der Leitfähigkeit ist hier bei niedrigen Feldstärken

$$\sigma = e\mu_p[N_V(N_A - N_{H2})/N_A] \cdot \exp(-W_A/kT)$$

und bei hohen

$$\sigma \sim \exp[-(W_A - \beta_{PF}E^{1/2})/kT)]$$

und weist PVK als einen $p$-Leiter aus (vgl. auch Abschnitt 5.6.). Geeignete Dotierungsmoleküle lagern sich bei gemeinsamer Filmbildung aus der Lösung sandwichartig zwischen den Polymerketten ein. Die höchsten Sensibilisierungseffekte werden dort erzielt, wo die Molekülstruktur des Dotanden gut mit der Grundstruktur des Polyvinylkarbazols übereinstimmt. In bestimmten Fällen kommt es zur Ausbildung von Ladungsübertragungskomplexen (s. a. Kapitel 6. und Abschnitt 7.1.) zwischen der Polymerkette und dem Sensibilisatormolekül. Im realen photoleitenden Film ist immer damit zu rechnen, daß sich ungestörte und dotierte Kettenabschnitte abwechseln. Ist der Dotand in hoher Konzentration zugesetzt worden, können sich auch Cluster dieses Materials bilden. Außer Trinitrofluorenon sind noch viele andere organische Moleküle zur Sensibilisierung geeignet. OKAMOTO [8.5] unterscheidet folgende Gruppen:

— Die spektrale Empfindlichkeitskurve $j_{ph}(\lambda)$ entspricht dem reinen PVK; $j_{ph}^{+}(\lambda)$ bei positiver Deckelektrode ist dem Absorptionsspektrum äquivalent, $j_{ph}^{-}(\lambda)$ ist invers zum Absorptionsspektrum $K(\lambda)$. Beispiele: Anthrazen, Perylen, Karbazol.
— Der Photostrom wird reduziert, $j_{ph}^{+} \triangleq j_{ph}^{-}(\lambda)$, invers zu $K(\lambda)$. Beispiele: Tetramethyl-p-phenylendiamin, 1,5-Diaminonaphthalin, p-Nitroanilin.
— Die Abhängigkeit $j_{ph}^{-}(\lambda) \triangleq j_{ph}(\lambda)$ von PVK, $j_{ph}^{+}(\lambda)$ ist stark verändert. Beispiel: Dimethylterephthalat, Trinitrofluorenon. Starke Sensibilisatorwirkung.

Für den Vorgang der Photogeneration von Ladungsträgern gibt es einige wichtige Vorstellungen:

— Ionisation eines Donatorzentrums $D \xrightarrow{h\nu} D^{+} + e^{-}$,
— Exzitonen entstehen durch Eigenabsorption

$D \xrightarrow{h\nu} S_{D}$, $A \xrightarrow{h\nu} S_{A}$,

— Charge-Transfer-Unterdrückung

$S_{D} + A \rightarrow (D^{+} + A^{-})^{*} \xrightarrow{E} D^{+} + A + e^{-}$,

$$D + S_A \to (D^+ + A^-)^* \xrightarrow{E} D^+ + A + e^-,$$

(Zwischenstufe ist ein angeregter $DA$-Komplex oder Exziplex, der durch ein anliegendes Feld $E$ einen Ladungsträger freisetzt);

bei günstiger Lage des Singulettabsorptionsspektrums des Dotanten verschiebt sich die Empfindlichkeit auch deutlich ins langwellige Gebiet.

An Sandwichproben des PVK, die mit Trinitrofluorenon sensibilisiert waren, wurden sehr eindrucksvolle Driftbeweglichkeitsmessungen ausgeführt [8.8]. Diese Beweglichkeiten wurden dem Transit einer durch Laserblitz erzeugten Ladungsträgerwolke von Elektrode zu Elektrode entnommen (vgl. Gleichung (5.84)). Die Beweglichkeiten der Ladungsträger beiden Vorzeichens sind thermisch aktiviert und gehorchen dem POOLE-FRENKEL-Mechanismus (Abb. 8-4). Sehr wahrscheinlich ist, daß

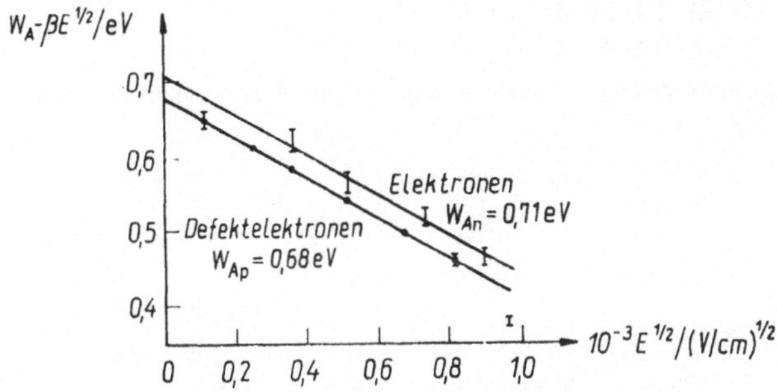


Abb. 8-4. Aktivierung der Beweglichkeit in einem PVK/TNF-Film nach [8.8] PVK : TNF = 5 : 1; $\mu \sim \exp\left(-\frac{W_A}{kT_{\text{eff}}}\right)$; $T_{\text{eff}}^{-1} = T^{-1} - T_0^{-1}$, $T_0$ – Temperatur des Schnittpunktes aller $\mu(E,T)$-Kurven

es sich insgesamt um die Hoppingleitung kleiner Polaronen handelt. Das wird insbesondere auch durch die Abhängigkeit der Beweglichkeiten von der Sensibilisatorkonzentration nahegelegt (Abb. 8-5). Schließlich finden sich im Rahmen der Forschungsarbeiten an organischen polymeren Photoleitern auch Beispiele für die Tragfähigkeit des von MONTROLL und SCHER entwickelten stochastischen Hoppingmodells (s. Abb. 8–6 und vgl. Abb. 5–5).

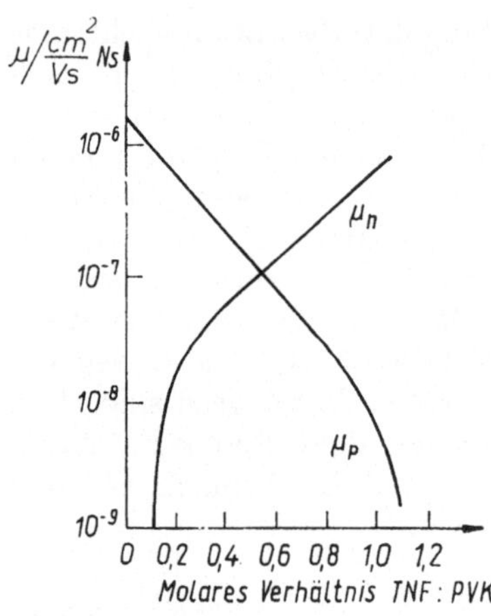


Abb. 8–5. Abhängigkeit der Beweglichkeiten von der Sensibilisatorkonzentration nach [8.8], $E = 0{,}5$ MV/cm

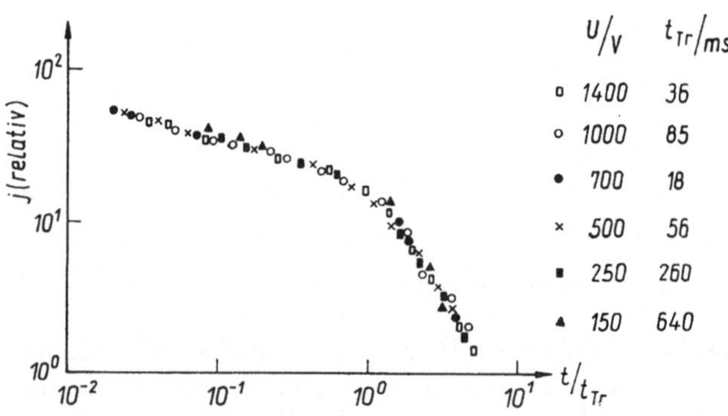


Abb. 8–6. Abhängigkeit des Transitstromes von der Zeit, bezogen auf $j(t_{Tr})$ nach [8.9]. N-Isopropylkarbazol dispergiert in Polykarbonat (LEXAN), Schichtdicke 19,2 μm

## *8.2. Photoleitende Molekülkristalle*

Neben einer Reihe hochwertiger photoleitender Polymere existieren auch bestimmte Verbindungsklassen, die besonders günstige Photoleitereigenschaften in kristalliner Form zeigen. Wir hatten schon beim Anthrazen,

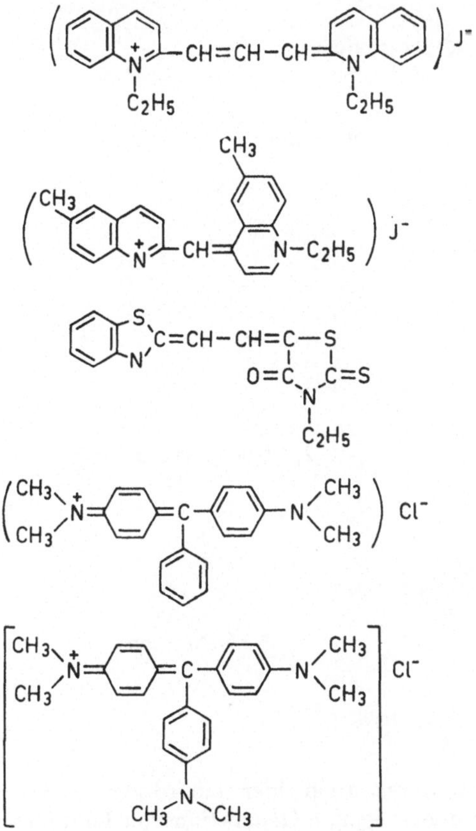

Pinazyanol

Orthochrom T

Morozyanin A10

Malachitgrün

Kristallviolett

Abb. 8–7. Photoleitende Molekülkristalle
(Die dritte Substanz ist Merozyanin A 10)

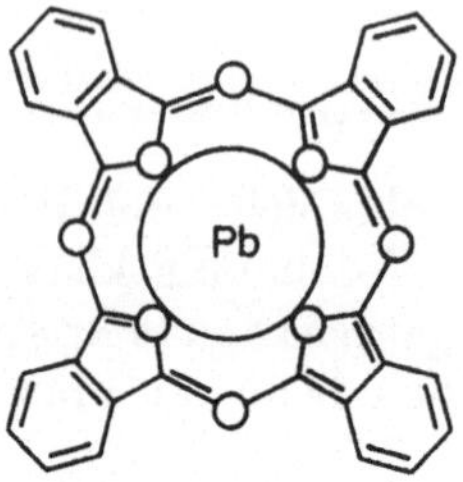

PbPc $C_{32}H_{16}N_8Pb$ (O Stickstoffatom)

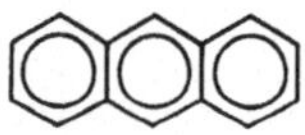

Anthrazen

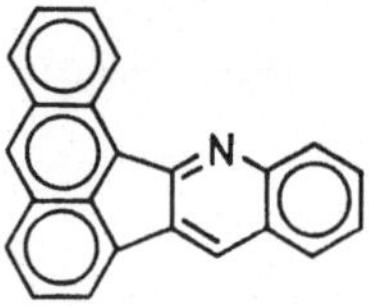

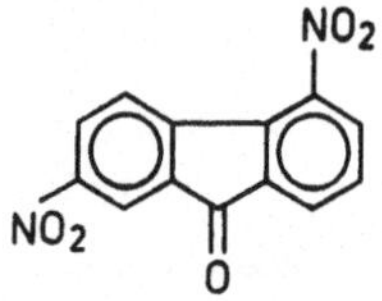

2,7 Dinitrofluorenon

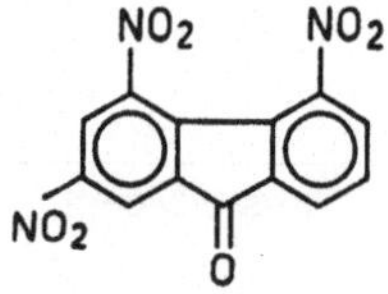

Trinitrofluorenon

Abb. 8–7.

das man ohne weiteres auch hier einordnen könnte, gezeigt, daß eine überwiegende Generation von Ladungsträgern sekundär durch die Rekombination von Singulettexzitonen auftritt. In diesem Zusammenhang spielen auch entleerbare, lokalisierte Zentren eine bedeutende Rolle.

Ein besonderes Interesse genießen Strukturen, die eine bestimmte strukturelle Verwandtschaft zu den Substanzen haben, die bei Erscheinungen wie dem Sehvorgang oder der Photosynthese beteiligt sind. Tatsächlich konnte gezeigt werden, daß Chlorophyll und verwandte Verbindungen wie Methylchlorophyllid, Xanthophyll, Neoxanthin und Violaxanthin photoleitend sind. Auf die entferntere Verwandtschaft zu den Porphyrinen und Phthalozyaninen haben wir weiter oben schon hingewiesen. Offensichtlich gehört eine ganze Reihe von Farbstoffsalzen zu den Photoleitern (Abb. 8–7). Einige nähere Erläuterungen geben wir noch zu den Ergebnissen an Kupferphthalozyanin.

Die photoelektrischen Erscheinungen an Dünnschichten und Einkristallen des Kupferphthalozyanins und seiner chlorsubstituierten Derivate sind mit Hilfe des in den Gleichungen (5.77) bis (5.79) dargelegten Modells erfaßbar. Wenn auch Band-Band-Anregung eine Rolle spielt, ist doch eindeutig der bevorzugte Generationsprozeß die

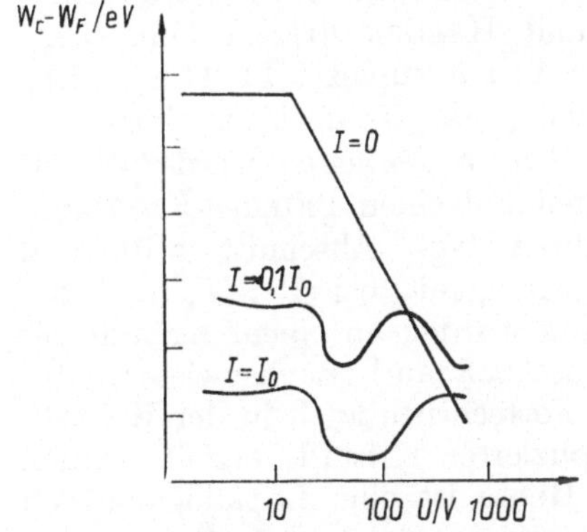


Abb. 8–8. Abhängigkeit der Lage des FERMI-Niveaus $W_F$ von der Spannung $U$ und der Lichtintensität $I$. Kupferphthalozyanin, Anordnung wie Abbildung 5–12, Spaltweite 42 μm, Stromfluß ∥ $b$-Achse auf (001)

Exzitonenrekombination mit Haftstellen. Bei inhomogen angeregten Einkristallen tritt ein negativer Photoeffekt auf, der durch die kaskadenartige Umladung von energetisch verteilten Haftstellen verursacht wird. Ein Beispiel für die Komplexität dieser Vorgänge stellt Abbildung 8–8 dar [7.12]. Die oberste Kurve entspricht einem Verlauf, wie ihn Gleichung (5.62) fordert, d. h. einer quasikontinuierlichen exponentiellen Haftstellenverteilung.

# 9. Organische Leiter

## 9.1. *Leitende Ladungsübertragungskomplexe des TCNQ-Typs*

Bis 1972 wurden Spitzenwerte der Leitfähigkeit organischer Einkristalle bei Zimmertemperatur von ca. $100\,\Omega^{-1}\,\mathrm{cm}^{-1}$ erzielt. Das betraf TCNQ-Komplexe mit Chinolin, Akridin und N-Methylphenazin. Der Grundtyp dieser Verbindungen war $D^+(TCNQ)^-(TCNQ)^0$ oder kurz $D(TCNQ)_2$.

1973 veröffentlichten Coleman, Cohen, Sandman, Yamagishi, Garito und Heeger extrem hohe Leitfähigkeitswerte für den 1 : 1-Komplex TTF-TCNQ [9.1]. Der scharfe Leitfähigkeitspeak, der übrigens einige Zeit ernsthaft von anderer Seite angezweifelt wurde, ist mit hoher Wahrscheinlichkeit auf einen Peierls-Fröhlich-Übergang zurückzuführen (vgl. Abschnitt 5.10. und Abb. 9–1). Die Paraleitfähigkeit bei $T > T_k$ und der Metall-Isolator-Übergang wurden an einem Kristall der Abmessung $0{,}4 \times 0{,}1 \times 0{,}033\,\mathrm{mm}^3$ nachgewiesen. Inzwischen sind rasante Fortschritte auch in der Kristallzucht derartiger komplizierter Kristalle erzielt worden (vgl. Abschnitt 4.1.). Heute ist eine Leitfähigkeit von $500\,\Omega^{-1}\,\mathrm{cm}^{-1}$ bei Zimmertemperatur und ein Spitzenwert von $\sigma/\sigma_{300\mathrm{K}} = 150$ gesichert. Das ergibt absolut bei 58 K eine Leitfähigkeit von $7{,}5 \cdot 10^4\,\Omega^{-1}\,\mathrm{cm}^{-1}$. Perlstein

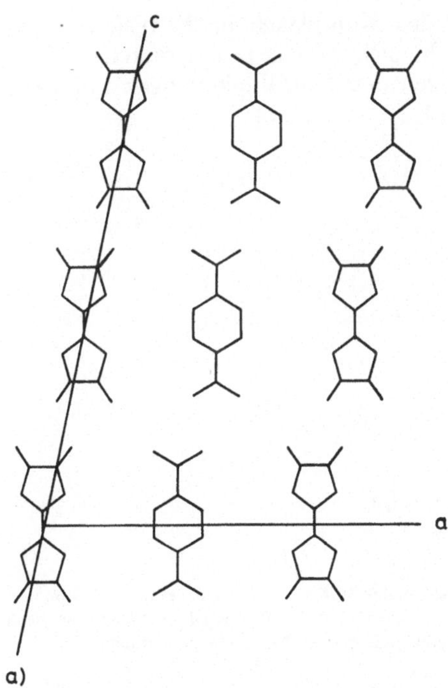


Abb. 9-1. a) Lage der Moleküle des Tetrathiafulvalen (TTF) und des TCNQ in der zur Stapelachse *b* senkrechten (*ac*)-Ebene des Molekülkristalls

[9.2] hat aus der Sicht eines Festkörperchemikers die sehr wesentliche Frage aufgeworfen, ob organische Leiter überhaupt thermodynamisch stabil sind. Geht man nämlich von den bisherigen Experimenten in rund 20 Forschungslabors aus, die an TTF-TCNQ gemacht wurden, dann läßt sich feststellen, daß hohe Leitfähigkeiten nur an metastabilen Phasen gemessen worden sind. Auf die Methodik der zugehörigen Kristallzüchtung zurückgeblendet, heißt das, gute 1*d*-Leiter bilden sich bei sonst noch so geeigneten Komplexen nur durch rasche Abkühlung einer gesättigten Lösung oder bei der unmittelbaren Entstehung des Komplexes in Diffusionszuchtanlagen. Kristalle, die sich nahezu in der stabilen Phase bilden konnten, zeigen den Leitfähigkeitspeak nur ganz schwach (Abb. 9–1b).

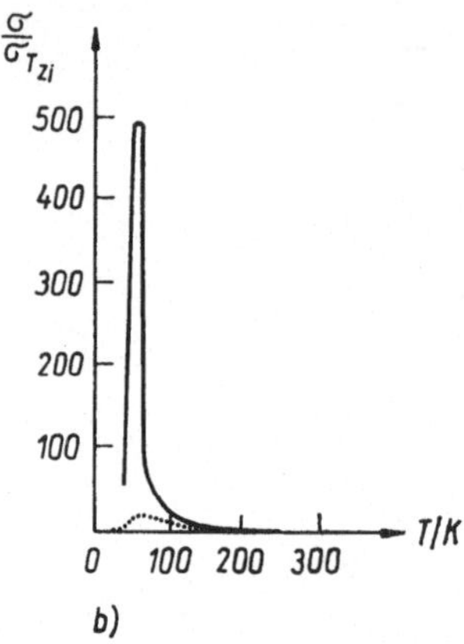


Abb. 9–1. b) Temperaturabhängigkeit der Leitfähigkeit bezogen auf Zimmertemperatur für einen TTF-TCNQ-Kristall in *b*-Richtung nach [9.1]. ... Kristalle, die der stabilen Phase zuzuordnen sind

Unter Anwendung einer ganzen Reihe von Donatoren und Akzeptoren ist es jetzt möglich, einer von Bloch, Cowan und Poehler gegebenen Empfehlung zur Suche nach organischen 1*d*-Leitern Folge zu leisten [9.3]. Die wichtigsten Regeln sind:

- Stapelung von Donator- und Akzeptormolekülen in separaten Stapeln,
- starke Ladungsübertragung,
- Verwendung planarer Moleküle mit ausgedehntem Konjugationssystem,
- inhomogene Ladungsdichteverteilung in den Molekülen,
- Verwendung relativ kleiner und polarisierbarer Moleküle,

— Verwendung symmetrischer Moleküle, um keine strukturellen Eigenstörungen in das Gitter einzubauen, und
— Verwendung nominell divalenter Moleküle.

Tabelle 9–1

Zusammenstellung organischer Leiter und hochleitfähiger Halbleiter des CT-Typs

| | | | |
|---|---|---|---|
| NMP | – N-Methylphenazinium | TNAP | – 11,11,12,12-Tetrazyannaphtho-2,6-Chinodimethan |
| TTF | – Tetrathiafulvalen | TTN | – Dehydrotetrathianaphthazarin |
| TTT | – Tetrathiotetrazen | | |
| TSF | – Tetraselenafulvalen | | |
| HCBD | – Hexazyanbutadien | HM··· | – Hexamethylen··· |
| TM | – Tetramethyl ... | DM ... | – Dimethyl ... |
| BDP | – Bis-dimethylaminopentamethinium | DCP ... | – Dicyklopenta ... |
| | | DEPE | – 1,2-Di(N-äthyl-4-pyridinium)-äthylen |
| DSDTF | – Diselenadithiafulvalen | | |

| Einkristall | $\sigma_{300K}$ in $\Omega^{-1}$ cm$^{-1}$ | publiziert | Einkristall | $\sigma_{300K}$ in $\Omega^{-1}$ cm$^{-1}$ | publiziert |
|---|---|---|---|---|---|
| NMP-TCNQ | 140 | 1973 | $(TTF)_{15}$-(NCS) | 250 | 1975 |
| TTF-TCNQ | 1 800 | 1973 | $(TTF)_{15}$-$(NCSe)_8$ | 15 | 1975 |
| TTT-$(TCNQ)_2$ | 160 | 1974 | $(TTF)_{11}$-$J_8$ | 365 | 1975 |
| $(TTF)_2$HCBD | 1 000 | 1974 | | | |
| TSF-TCNQ | 800 | 1974 | TMTSF-TCNQ | 300 | 1975 |
| | | | DMTSF-DMTCNQ | 300 | 1975 |
| TMTSF-TCNQ(II) | 800 | 1974 | HMTSF-TCNQ | 2178 | 1975 |
| BDP$(TCNQ)_2$ | 20 | 1974 | | | |
| DSDTF-TCNQ | 700 | 1975 | DCPDSDTF-TCNQ | 100 | 1975 |
| TTF-TNAP | 40 | 1975 | DCPTTF-TCNQ | 15 | 1976 |
| TTN-TCNQ | 40 | 1975 | DEPE-$(TCNQ)_4$ | 2200 | 1976 |
| | | | HMTSF-TNAP | 3000 | 1977 |

In Abbildung 9–2 und Tabelle 9–1 stellen wir den Fortschritt des Gebietes an Hand der erreichten Spitzenwerte der Leitfähigkeit dar. An einigen Stellen hat sich gezeigt, daß die Verletzung der Regel über die Kleinheit der Moleküle sowohl bei den Donatoren als auch bei den Akzeptoren zu Fehlschlägen führen kann. Erstaunlich ist dagegen, daß die recht kompliziert gebauten Stoffe BDP und DEPE so gute Werte liefern.

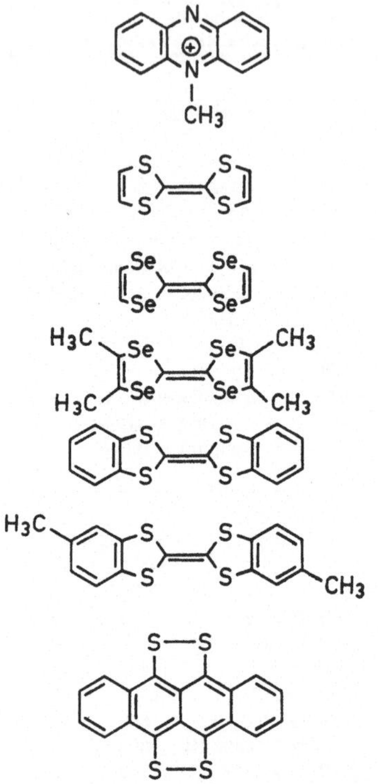

NMP

TTF

TSF

TMTSF

DBTTF

DTTTF

TTT

Abb. 9–2. a) Für hochleitfähige Komplexe verwendete Donatoren

Eine einfache Überlegung zeigt, daß die Zimmertemperaturwerte nur durch eine Erhöhung der Beweglichkeit der Ladungsträger weiter erhöht werden können. Da jedes Molekül günstigstenfalls einen Ladungsträger (Elektron oder Defektelektron) zur Ladungsträgerkonzentration beisteuert und das Volumen einer typischen Elementarzelle 1 $nm^3$ beträgt, erhält man für einen 1 : 1-Komplex $2 \cdot 10^{21}$ Ladungsträger pro $cm^3$. Setzt man die vielfach in diesen Komplexen gefundene Beweglichkeit in der leitfähigsten kristallographischen Richtung

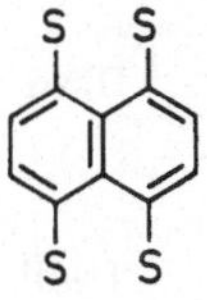

TTN

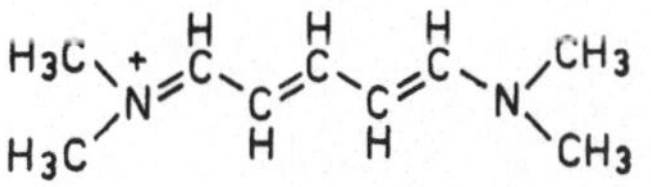

$BDP^+$

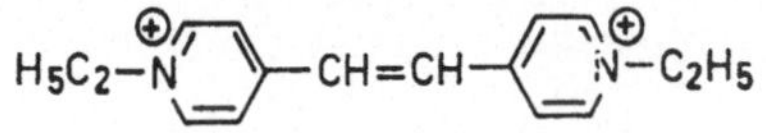

$DEPE^+$

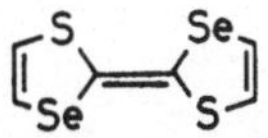

DSDTF

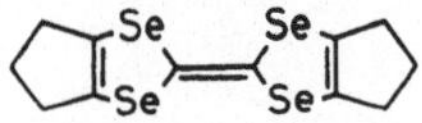

HMTSF

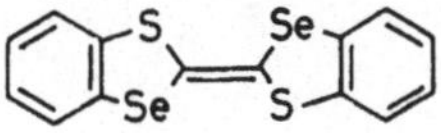

DBDSDTF

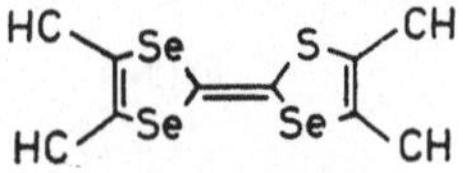

TMTSF

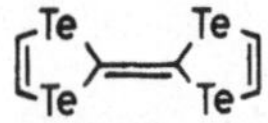

TTeF

Abb. 9–2. a) (Fortsetzung)

von ca. 1 $cm^2/Vs$ an, dann erhält man $\sigma = 320\ \Omega^{-1}\ cm^{-1}$. Geht man von dieser Abschätzung aus, liegen die besten organischen Leiter bei Zimmertemperatur im Bereich $\mu \approx 7\ cm^2/Vs$. Für den scharfen Leitfähigkeitspeak des TTF-TCNQ benötigt man sogar, $n_s \approx n$ vorausgesetzt, mindestens effektive Beweglichkeiten der superfluiden Phase von 250 $cm^2/Vs$.

Das TTF-TCNQ ist bei den organischen Leitern zur bestuntersuchten Substanz geworden. Das Ansteigen der Leitfähigkeit im Bereich von 60 K konnte für alle

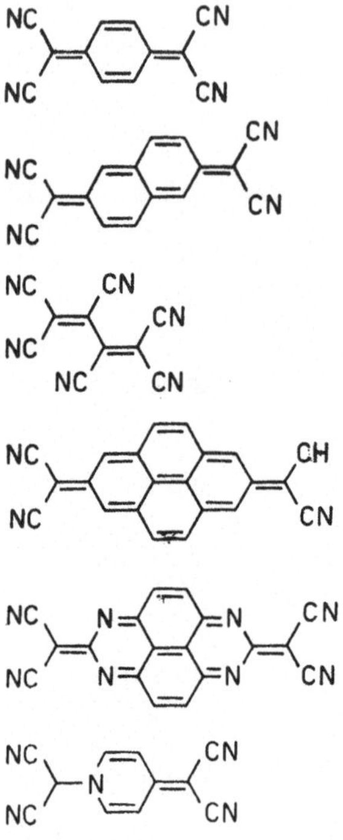

TCNQ

TNAP

HCBD

ATCNQ

b)

Abb. 9–2. b) Für hochleitfähige Komplexe verwendete Akzeptoren

Frequenzen von Null bis ins Mikrowellengebiet gesichert festgestellt werden. Die Leitfähigkeit ist sehr stark anisotrop mit $\sigma_b/\sigma_a = 500\cdots1000$ bei Zimmertemperatur und $10^4$ bei 60 K. Daraus kann ein quantitatives Maß für die Eindimensionalität dieses Pseudo-1*d*-Leiters abgeschätzt werden. Durch die eingehende Untersuchung organischer Legierungen des TTF-TCNQ konnte gefunden werden, daß der Phasenübergang in den Donator- und Akzeptorketten getrennt erfolgt [9.4]. Bei TTF-TCNQ ist die Entstehung der Peierls-Lücke bei 58 K auf einen Phasenübergang in der TCNQ-Kette zurückzuführen, während erst bei 38 K ein Phasenübergang des TTF-Stapels erfolgt. TSF-TCNQ besitzt dagegen einen einheitlichen Phasenübergang bei 29 K. TTF-TCNQ-Kristalle halten mit abnehmender Peakhöhe bei 58 K unter Verlust ihrer Einkristallinität etwa 5 Temperaturzyklen 300—4—300 K aus, bis der Leitfähigkeitsverlauf mit Messungen an polykristallinen Preßtabletten übereinstimmt. Der Phasenübergang des TTF-Stapels wurde durch eine deutliche Anomalie der magnetischen Suszeptibilität bestätigt [9.5]. Der Phasenübergang in organischen Leitern läßt sich auch durch Beugungsexperimente mit Neutronen, durch den Verlauf der spezifischen Wärmekapazität, des SEEBECK-Koeffizienten, des ferroelektrischen Verhaltens, der Reflexion und Transmission von polarisiertem Licht, der Anisotropie der relativen Dielektrizitätskonstante, der inneren Reibung und des YOUNG-Moduls sowie des Elektronenanteils der Wärmeleitfähigkeit nachweisen. Insgesamt fassen GARITO und HEEGER die Eigenschaften von TTF-TCNQ folgendermaßen zusammen:

- $T > T_k \approx 58$ K, metallische Leitfähigkeit im Fluktuationsregime der PEIERLS-Energielücke,
- $T < T_k \approx 58$ K, PEIERLS-FRÖHLICH-Halbleiter mit einem dreidimensionalen Ordnungsgrad. Die Ladungsdichtewelle unterliegt dem Pinning.

Einige TCNQ-Komplexe zeigen metallische Leitfähigkeiten, die bis ins mK-Gebiet erhalten bleiben. Das ist z. B. für das HMTSF-TCNQ der Fall. Zunächst lag der Gedanke nahe, daß es durch die Verwendung sperrigerer Moleküle gelungen sei, eine gewollte Stabilisierung der 1*d*-Struktur wirklich zu erreichen. Da es hier aber nicht zur Ausbildung einer superfluiden Phase kommt, muß im Gegenteil schon von vornherein eine 3*d*-Interkettenwechselwirkung vorliegen. Tatsächlich scheinen im HMTSF-TCNQ Wechselwirkungen zwischen den Selenatomen des Donators und den Stickstoffatomen des Akzeptors aufzutreten [9.6]. Abbildung 9-3 gibt einen

Einblick in eine solche Interkettenwechselwirkung. Derartige bis zu sehr tiefen Temperaturen metallisch leitende Komplexe haben ein breites, aber flaches Leitfähigkeitsmaximum etwa bei 150···250 K.

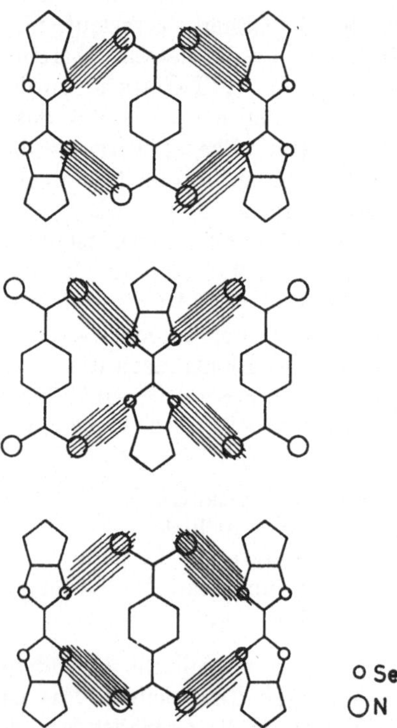


Abb. 9–3. Wechselwirkung der Moleküle benachbarter Stapel im HMTSF-TCNQ nach [9.6]

TTF-TCNQ läßt sich unzersetzt im Hochvakuum sublimieren. Kristallite des TTF-TCNQ wachsen bevorzugt mit einer Orientierung der Stapelachse parallel zur Substratebene auf, wobei die *ab*-Ebene als normalerweise größte Habitusfläche die Substratebene berührt. Ein epitaktisches Aufwachsen gelingt auf verschiedenen

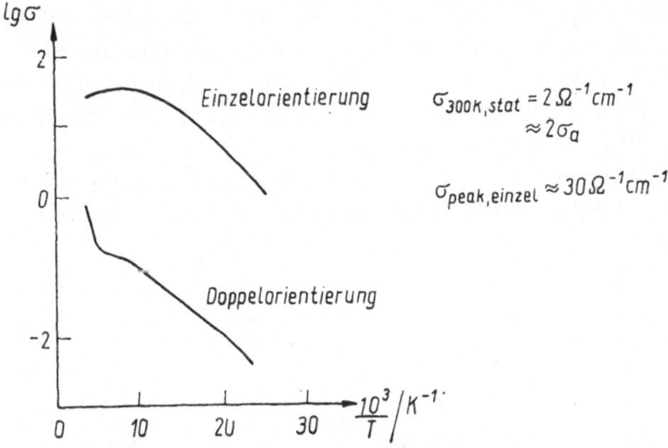


Abb. 9–4. Temperaturabhängigkeit der Leitfähigkeit von TTF-TCNQ-Schichten

einkristallinen Substratmaterialien. Dafür ist Abbildung 4–3 ein schönes Beispiel. (Vgl. auch [9.7].) Eine Einzelorientierung kann auf einer (112)-NaCl-Spaltfläche erreicht werden [9.8]. Für die Leitfähigkeit statistisch orientierter Aufdampfschichten findet man $\sigma_{300K} = 2$ bis $20\ \Omega^{-1}\ cm^{-1}$. Einen Vergleich von verschiedenen Dünnschichten gibt Abbildung 9–4. Als charakteristischer Wert für $\sigma_{Peak}/\sigma_{300K}$ wird 1,2 angegeben. Bei Einzelorientierung in durch Korngrenzen voneinander getrennten kleinen Einkristallen wird $\sigma_{300K} = 30\ \Omega^{-1}\ cm^{-1}$.

## 9.2. *Bleiphthalozyanin*

Bleiphthalozyanin (PbPc) besitzt wie viele andere Phthalozyanine die Eigenschaft, in kristalliner Form Molekülstapel zu bilden. Bisher ist aber PbPc das einzige bekannte Pc, das eine Stapelung aufweist, bei der Stapelachse und Molekülachse übereinstimmen. Dadurch kommen sich die Pb-Ionen auf 0,373 nm nahe, das ist wenig mehr als in metallischem Blei (0,348 nm). Die Strukturanalyse zeigt außerdem, daß das PbPc-Molekül selber eine sehr seltene Besonderheit aufweist. Es hat die Form eines Federballs, dessen Trichter vom Pc-Gerüst (Makroring) gebildet wird, in dessen Spitze aber das Blei-Ion hängt [9.9]. Ukei hat 1973 an dieser Substanz in Form einer Dünnschichtprobe metallische Leitfähigkeit beobachtet [9.10]. Die Meßkurve in Abbildung 9–5 wurde

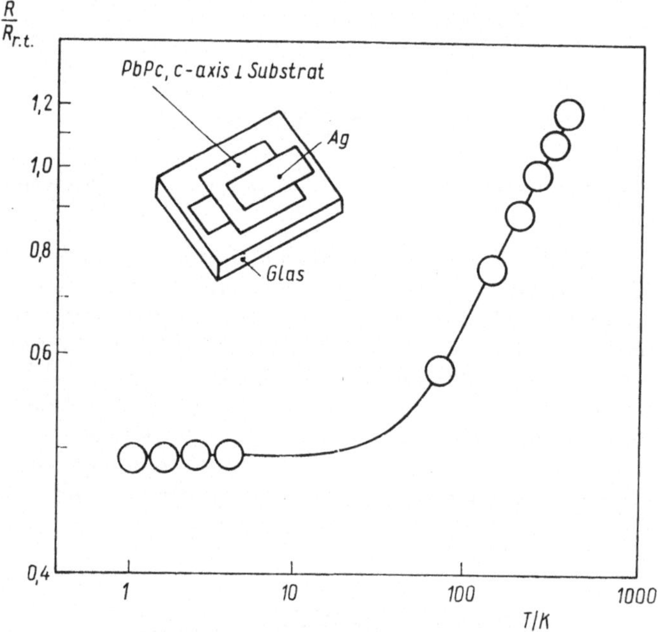


Abb. 9–5. Leitfähigkeit einer polykristallinen PbPc-Dünnschicht

an einer polykristallinen Probe mit nahezu senkrecht zur Substratfläche gerichteten stäbchenförmigen Kristalliten von ca. $10 \times 10 \times 1\ \mu m^3$ Abmessung gefunden. Das ist ein typisch metallisches Verhalten.

Die metallische Leitfähigkeit des PbPc kann auf der Grundlage der $1d$-Leiter verstanden werden. Allerdings ständen für die Ausbildung eines 1*d*-Leitungsbandes normalerweise nur die außenliegenden $(6s)^2$-Orbitale des $Pb^{2+}$-Ions zur Verfügung. Das würde aber ein völlig gefülltes Band bedeuten. Ähnlich wie beim Kohlenstoff kann jedoch auch beim Blei eine Hybridisation der s- und p-Zustände eintreten. Eine solche Konfiguration sollte eine schwache Ladungsübertragung vom Blei-Ion zum Pc-Gerüst bewirken, so daß das 1*d*-Band nur nahezu gefüllt ist. Die monokline Modifikation des Bleiphthalozyanins kann also ein Defektelektronenleiter sein. Dieses Modell wird durch den Nachweis einer Kohn-Anomalie gestützt [9.11]. Da das Bleiatom einen Durchmesser von 0,35 nm besitzt, während das Pc-Gerüst eine näherungsweise quadratische Form von $2 \times 2\ \text{nm}^2$ hat, ist der Flächenanteil der Blei-Ionenkette im Molekülstapel etwa 3%. Die relative Leitfähigkeit der Bleikette beträgt ca. $3 \cdot 10^{-2}\ \Omega^{-1}\ \text{cm}^{-1}$. Das ist eine um einen Faktor $6 \cdot 10^{-7}$ geringere Leitfähigkeit als die des metallischen Blei. Da normalerweise jedes Bleiatom einen Ladungsträger zur Leitfähigkeit beisteuert, würde folgen, daß in PbPc nur jedes $10^6$te Blei-Ion ein Elektron an das Pc-Gerüst abgibt. Diese Feststellung gilt bei unveränderter Beweglichkeit und ist schwer vorstellbar.

Hamann und Mitarbeiter fanden an PbPc-Schichten einen Schalteffekt [9.12] (Abb. 9-6). Es ist folgendes Verhalten bestimmter PbPc-Schichten typisch:

- Bei Erhöhung der Feldstärke schaltet die Probe um 1 bis maximal 3,5 Größenordnungen ins Regime höherer Leitfähigkeit.
- Das Rückschalten erfolgt bei einem bestimmten Stromdichtewert $j_{krit}$.
- Das Regime niedriger Leitfähigkeit wird gut reproduziert.
- Mehrfachschalten auch in kleinsten Stufen ist möglich.
- Beide Zustände sind unterhalb einer bestimmten Feldstärke bzw. Stromdichte stabil.

Das Schaltmodell hat in groben Zügen folgendes Aussehen:

— Polykristalline Proben bestehen aus einzelnen Clustern (Kristalliten), die voneinander durch Barrieren getrennt sind.
— Jeder Cluster enthält parallel zur kristallographischen $c$-Achse Molekülstapel, die bis auf Stapelstörungen völlig regelmäßig aufgebaut sind.

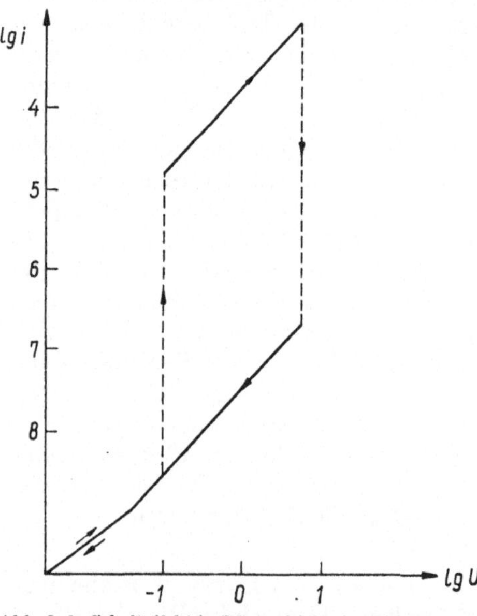


Abb. 9-6. Schalteffekt in Dünnschicht des PbPc [9.12]

— Stapelstörungen sind Stellen, in denen sich der Stapelsinn der trichterförmigen Moleküle umkehrt.
— Durch hohe lokale elektrische Felder orientieren sich einzelne Stapel einheitlich. Es entsteht ein linearer Leiter in leitenden Kanälen des Gesamtquerschnitts.
— Bei hohen Stromdichten bilden sich durch thermische Stöße wieder Stapelstörungen aus, die etwa eine Barrierenhöhe von 0,1 eV besitzen.

Der hier vorgeschlagene Mechanismus wäre die erste Anordnung molekularen Schaltens, die elektronisch, makroskopisch meßbar ist. Er beruht auf der elektrischen Durchstülpung eines nichtplanaren trichterförmigen Moleküls (Abb. 9–7).

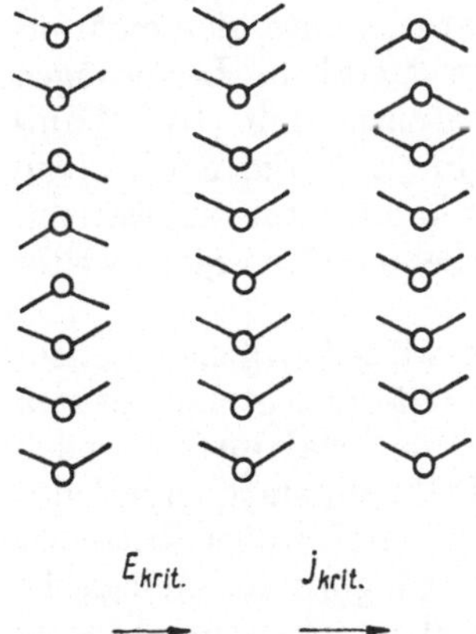


Abb. 9–7. Schaltverhalten des PbPc-Molekülstapels, Schnitt längs der $c$-Achse. Die Stapelstörungen stellen einen Defekt in der Gitterstruktur des linearen Leiters dar

# 10. Wege zum organischen Supraleiter

## *10.1. Supraleiter und Hochtemperatursupraleiter*

Supraleitende Werkstoffe als Grundlage entscheidender Weiterentwicklungsmöglichkeiten der Erzeugung, Fortleitung, Speicherung und Anwendung elektrischer Energie, aber auch für künftige Datenverarbeitungsanlagen mit Zeiten für die Einzeloperation im Nanosekundenbereich werden international intensiv bearbeitet [10.1]. Entwicklungsziel sind Substanzen hoher Sprungtemperatur $T_k$, um das zur Zeit für die Erzeugung des supraleitenden Zustandes erforderliche kostenaufwendige Arbeiten bei Temperaturen des flüssigen Heliums (4,2 K) möglichst durch den Betrieb supraleitender Anordnungen unter Verwendung des viel billigeren flüssigen Stickstoffs (77 K) oder sogar bei Zimmertemperatur ersetzen zu können. Gleichzeitig geht es um Substanzen hoher kritischer Feldstärke als Maß für die Strombelastbarkeit in Anwendungsbereichen der Energietechnik. Die höchsten bisher erreichten Sprungtemperaturen unter den mehr als 2000 bekannten supraleitenden Metallen, Legierungen und Verbindungen weisen Substanzen mit $\beta$-Wolfram-Struktur (A15-Typ), z. B. $Nb_3Sn$, auf, die ein $T_k$ von 23···25 K erreichen. Dieser Wert konnte trotz angestrengter Bemühungen in den letzten zehn Jahren nicht weiter verbessert werden.

Wegen der außerordentlichen wirtschaftlichen Bedeutung von Supraleiterwerkstoffen mit Sprungtemperaturen von wenigstens 25 K wird international intensiv nach Substanzen gesucht, die als Hochtemperatursupraleiter [10.2] neben möglichst hohem $T_k$ und großer kritischer Feldstärke auch noch ausreichend gute technologische Eigenschaften aufweisen, um für den technischen Einsatz brauchbar zu sein. GINZBURG [10.3] hält lediglich die Realisierung der gesteuerten Kernfusion für noch wichtiger. Neben den $\beta$-Wolfram-Strukturen, die nach wie vor die Favoritenrolle spielen, sind u. a. auch Metallhydride mit stöchiometrisch überhöhtem Wasserstoffgehalt als Zugang zum metallischen Wasserstoff, planarquadratische Komplexe mit Ketten aus Metallionen, z. B. $K_2Pt(CN)_4Br_{0.3} \cdot 3H_2O$ (= KCP), und von den organischen Elektronenleitern vor allem TTF-TCNQ mit dem Ziel untersucht worden, Fortschritte in Richtung zum Hochtemperatursupraleiter zu erreichen. Man weiß inzwischen, daß u. a. auftretende weiche Phononenmoden und auch das Vorliegen metastabiler Phasen wesentliche Bedeutung dafür besitzen [10.4]. Mehrfach vorgenommene Abschätzungen des maximal erreichbaren $T_k$-Wertes ergaben, daß der in allen bisher bekannten Supraleitern vorliegende Elektron-Phonon-Mechanismus mit Sprungtemperaturen von höchstens 30···40 K verträglich ist

[10.3]. „Wirkliche" Hochtemperatursupraleiter im engeren Sinne mit $T_k$-Werten, die die Flüssigstickstoffkühlung oder die Anwendung bei Zimmertemperatur ermöglichen, lassen sich folglich nur mit Substanzen realisieren, in denen ein ganz anderer Mechanismus der Supraleitung auftritt, die Exzitonensupraleitung.

## *10.2. Exzitonensupraleitung*

Im Supraleiter wird der elektrische Strom von COOPER-Paaren getragen, die aus zwei miteinander gekoppelten Elektronen bestehen. Für das Zustandekommen dieser Kopplung setzten BARDEEN, COOPER und SCHRIEFFER (BCS-Theorie) eine Wechselwirkung der Elektronen mit Phononen, d. h. elastische Gitterschwingungen, an [10.5]. Eine Alternative zu diesem Mechanismus wurde 1964 von LITTLE mit der Exziton-Elektron-Wechselwirkung zur Diskussion gestellt [10.6]. Unter Exzitonen versteht man hier Anregungen, die sich vorwiegend im Elektronensystem wellenförmig ausbreiten. Als Quasiteilchen befolgen sie in guter Näherung die BOSE-EINSTEIN-Statistik. Im Unterschied zum Elektron-Phonon-Mechanismus ist der Exzitonmechanismus der Supraleitung mit Sprungtemperaturen von 300···2000 K verträglich. Hieraus erklären sich die außerordentlichen Anstrengungen an Kräften und Mitteln, die für das Auffinden derartiger Supraleiter weltweit unternommen werden. Bislang steht allerdings ein Erfolg noch aus. Dem experimentellen Nachweis des Exzitonmechanismus an einer konkreten Substanz kommt jedoch eine besondere Bedeutung zu, weil in der theoretischen Konzeption notwendigerweise physikalische und mathematische Näherungen vorgenommen werden müssen, deren Auswirkungen insgesamt schwierig zu übersehen sind und die einen Vergleich mit realen Systemen erfordern.

Die Vorschläge für Molekülstrukturen, die mit besonders großer Wahrscheinlichkeit zu Exzitonensupraleitern führen, gehen in zwei Richtungen. Von Little selbst stammen Konzepte eindimensionaler Strukturen, die z. B. durch lineare Polymere mit konjugierten Doppelbindungen in der Hauptkette und stark polarisierbare Seitenketten realisiert werden könnten (Abb. 10–1).

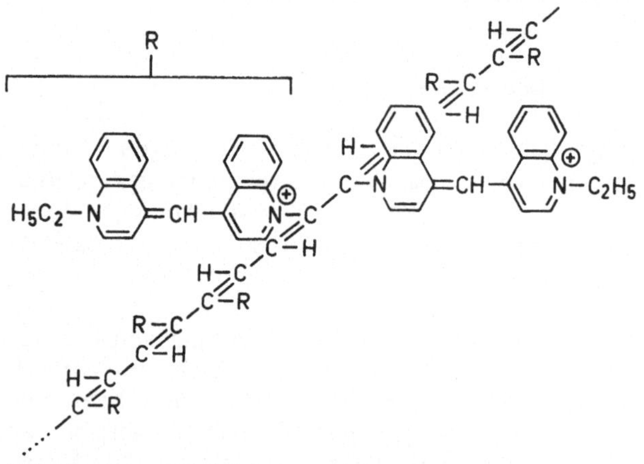

**Abb. 10–1. Little-Modell eines organischen Supraleiters**

Ginzburg hat darüber hinaus auch zweidimensionale Strukturen als aussichtsreich bezeichnet [10.7, 10.8]. Er fordert geschichtete Strukturen aus einem metallisch oder halbmetallisch leitenden Kern von 1···2 nm Dicke, der beidseitig an ein Dielektrikum mit genügend reichem Exzitonenspektrum grenzt. Dafür käme z. B. ein dotierter Halbleiter in Frage. Die Herstellung realer Gebilde mit diesen Eigenschaften ist auf zwei prinzipiellen Wegen möglich: entweder mittels Schichtabscheidungsverfahren oder durch den Aufbau von Schichtgittern, die diesen Forderungen entsprechen. In jedem Fall besteht die Notwendigkeit, zunächst durch möglichst weitgespannte experimentelle Untersuchungen gut charakterisierter stofflicher Systeme verallgemeinerungsfähiges Basismaterial für weitere theoretische Verfeinerungen zu gewinnen.

## *10.3. Experimenteller Stand bei organischen Supraleitern*

Supraleitermaterialien aus kohlenstofforganischen Verbindungen sind bisher noch nicht aufgefunden worden. Die durchgeführten theoretischen und experimentellen Arbeiten zur Herstellung von Hochtemperatursupraleitern waren jedoch auch für das Teilgebiet der organischen Supraleiter durchaus nicht ohne Gewinn. Die gesamte Problemstellung ist viel klarer und präziser erkennbar, und die Einsichten in die Besonderheiten des Elektronentransports bei niederdimensionalen Festkörpern wurden durch viele Detailuntersuchungen wesentlich vertieft. Zugleich sind jetzt insgesamt drei experimentelle Stützen für die Erwartung bekannt, organische Supraleiter herstellen zu können, auf denen weitere Arbeiten aufbauen.

Es treten beim Aufbringen organischer Substanzen auf die Oberfläche von Supraleiterdünnschichten Änderungen der Sprungtemperatur auf, die durch die elektronische Wechselwirkung der organischen Moleküle mit dem Supraleiter hervorgerufen werden. Dieser Effekt wurde erstmals an Vanadium- und Indiumschichten beobachtet, die mit Anthrazen oder TCNQ bedampft wurden [10.9]. Organische Substanzen, die in Ladungsübertragungskomplexen als Akzeptoren wirken (z. B. TCNQ), senken $T_k$ ab, Donatoren jedoch verschieben es nach höheren Werten. Allerdings sind die erreichten $T_k$-Änderungen (einige 10 mK) für technische Zwecke noch zu gering.

Die von GINZBURG vorgeschlagenen Mehrschichtsysteme zur Realisierung der Exzitonensupraleitfähigkeit lassen sich mit den üblichen Verfahren der Dünnschichttechnologie in der geforderten Dickentoleranz und Qualität kaum herstellen. Ein experimentell gangbarer Weg besteht im Einbau geeigneter Moleküle zwischen die Ebenen schichtbildender Wirtsgitter. Modellcharakter für solche Einlagerungs- oder Interkalationsverbindungen besitzt $TaS_2 \cdot Py_{0.5}$ (Py = Pyridin) (Abb. 10–2). An zahl-

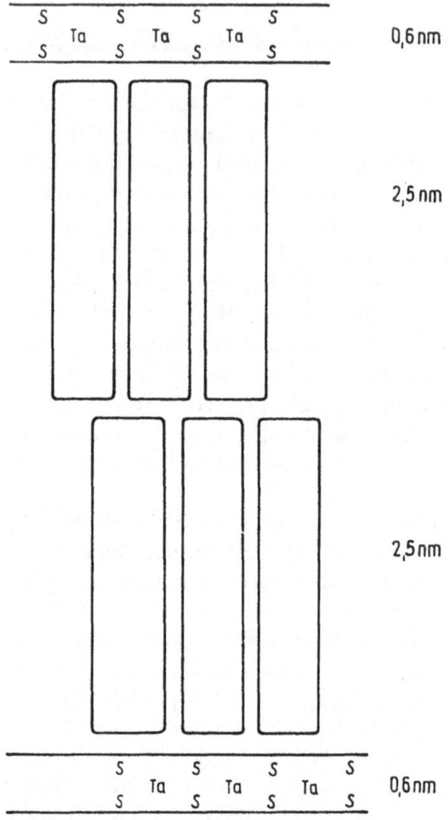


**Abb. 10–2.** Interkalation von zwei Lagen Oktadezylamin in das Schichtgitter des Tantalsulfids

reichen derartigen Substanzen, die statt $TaS_2$ auf anderen Übergangsmetall-Chalkogeniden (z. B. $NbSe_2$, $MoS_2$) basieren oder auch auf Graphit (z. B. $C_{8n} \cdot AsF_5$), sind die Wechselwirkungen der Elektronensysteme beider Komponenten im normal- und supraleitenden Zustand einschließlich des Einflusses auf die Lage von $T_k$ untersucht und bestätigt worden [10.10].

Schließlich sind durch die 1975 erfolgte Entdeckung des supraleitenden Zustandes beim Polythiazyl $(SN)_x$ [10.11], einem seit 1910 bekannten Polymer, die Erwartungen für die Realisierbarkeit organischer Supraleiter stark gestützt worden. Das $(SN)_x$ ist nicht nur das erste supra-

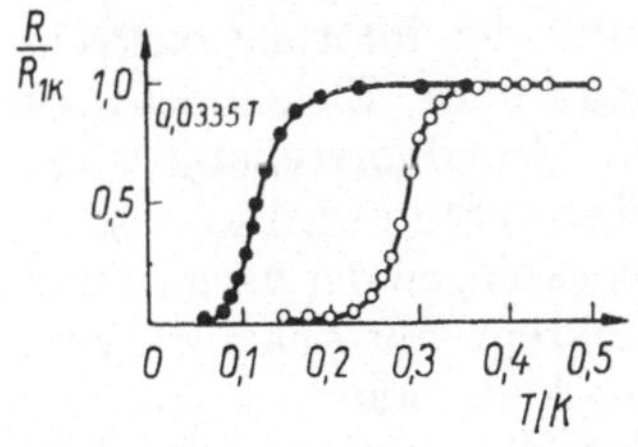


Abb. 10-3. Magnetfeldabhängigkeit der Sprungtemperatur des $(SN)_x$

leitfähige Polymer (Abb. 10–3), sondern auch eine Verbindung aus Elementen, die als solche nicht supraleitend werden (d. h. $T_k < 0{,}1$ K). Die gleichzeitig bei dieser Substanz vorhandenen guten technologischen Eigenschaften wie Walzbarkeit und Aufdampfbarkeit im Hochvakuum bestärkten allgemein die Überzeugung, daß die Suche nach organischen Supraleitern trotz aller Kompliziertheit reale Chancen auf Erfolg hat.

# 11. Fernziel Molekularelektronik

## *11.1. Molekularelektronik als Extrapolation*

Bei der Systematisierung elektronenleitender Nanometerstrukturen gelangt man in kontinuierlichem Übergang in das Gebiet molekularer und atomarer Abmessungen (s. 2.5.). Definiert man im strengen Sinne des Wortes Molekularelektronik als technologisches Realisierungskonzept für eine Informationsverarbeitung mittels elektronischen Ladungstransports und in „Bauelementen" bzw. Funktionsbereichen der Größenordnung von Molekülen, dann ist damit die äußerste Grenze für die Miniaturisierung der Elektronik über die Mikroelektronik und Nanoelektronik [11.1, 11.2] hinaus anvisiert. Moleküle oder allgemein Bereiche molekularer Abmessungen, z. B. auch spezielle Defekte, erscheinen zumindest zur Zeit als eine gewisse untere Schwelle für technologisch beherrschbare, räumlich ausreichend lokalisierbare stoffliche Gebiete, die zeitlich stabile und energetisch unterscheidbare Zustände im Abstand der informationstechnisch üblichen Größenordnung eines Elektronenvolts und darunter aufweisen. Die Grundvorstellung einer Molekularelektronik im angegebenen Sinn wird so wesentlich von den geometrischen Abmessungen der verwandten Strukturen her gesehen. Das Konzept läßt sich auch vom kleineren zum größeren hin entwickeln: SCHOTTKY äußerte 1935 in seiner Dissertation den Wunsch, mittels einer geeigneten „Pinzette“ Atome zu Halbleitergittern vorgebbarer physikalischer Eigenschaften zusammenfügen zu können [zit. 11.2]. Bricht man dieses Verfahren auf der für eine technische Anwendung frühestmöglichen Stufe ab, gelangt man ebenfalls zu den Funktionsbereichen der Molekularelektronik.

Das molekularelektronische Konzept ist jedoch nicht nur als Versuch eines Brückenschlages über einen geometrisch formulierbaren nächsten oder übernächsten Abmessungsbereich anzusehen, sondern zugleich auch als Ansatz, vom quasikontinuierlichen elektrischen Strom der Physik und technischen Elektronik zu extrapolieren in Richtung der vektoriellen Ladungsübertragung biologischer Elektronentransferketten; zu erkunden, welche physikalisch-technologischen Möglichkeiten sich abzeichnen könnten für eine mit biologischen Systemen hinsichtlich z. B. der Packungsdichte, Flexibilität und Störsicherheit vergleichbare technische Informationsverarbeitung.

Durch Teilschritte der sinnesphysiologischen und neuralen Reizverarbeitung, besonders durch die zweifellos vorhandenen elektronischen Prozesse in den optischen Sinneszellen, ist die prinzipielle Realisierbarkeit elektronischer Informationsverarbeitung auf molekularer

Ebene biologisch nachgewiesen. Die Empfindlichkeit der menschlichen Netzhaut für wenige Lichtquanten im dunkeladaptierten Zustand und die Aktivierbarkeit des Kiefernspinnermännchens durch ein einziges Molekül des Sexuallockstoffes machen deutlich, daß nicht nur äußerst geringe Energiemengen, sondern auch außerordentlich hohe Selektivität von Detektoren erreicht werden können.

Die Berechtigung des molekularelektronischen Konzeptes steht und fällt mit der konkreten Verfügbarkeit geeigneter stofflicher Trägerstrukturen für die Technik, z. B. spezieller Kristallgitter oder Schichten, sowie mit der Möglichkeit ihrer Ankopplung zur Ein- und Ausgabe und ihrer Modulation im weitesten Sinne. Erst durch Erfüllung dieser Voraussetzungen erhält die Absicht zur Realisierung bestimmter technischer Funktionen die Basis, über das Stadium bloßen Wunschdenkens hinauszukommen.

Analog zur Molekularelektronik lassen sich die Molekularionik, -photonik, -magnetik und -akustik definieren; auch Informationsverarbeitungsprinzipien in Gebieten molekularer Dimensionen und unter Verwendung von Quasiteilchen oder nur dynamisch zu verstehender „Träger" sind denkbar. Erste Überlegungen zu Realisierungsmöglichkeiten und zu physikalisch-technischen Grenzen für den inhaltlichen Sinn eines solchen Konzeptes sollen hier jedoch auf die Molekularelektronik beschränkt bleiben.

## *11.2. Realisierungsmöglichkeiten molekularelektronischer Strukturen und Prinzipien*

Als stofflich-strukturelle Basis der Molekularelektronik stehen nicht nur Kristalle und Schichten einfacher Moleküle zur Verfügung, sondern u. a. auch Übergitter, Interkalationsverbindungen als Grenzfall gerichtet erstarrter laminarer Eutektika, anomale Mischkristalle und geordnet adsorbierte Moleküle (besonders Farbstoffe),

Molekülaggregate, Einschlußverbindungen (z. B. der Jod-Stärke-Komplex) (auch als Analogon zu superfeinen Pulvern und Fasern und der mit der Dimensionsabnahme auftretenden $T_K$-Änderung der Supraleitfähigkeit) sowie metall-atom-imprägnierte Hohlraumstrukturen in Gittern, z. B. Quecksilber in Zeolithen [11.3]. Eine sehr wesentliche Rolle dürfte daneben technisch beherrschten Defektstrukturen [11.4] im weitesten Sinne zukommen, die mit organischen Substanzen in großer Vielfalt und breiter räumlicher und energetischer Abstufung verfügbar sind, z. B. über Isomere, Isotopensubstition (Deuterierung; isotopenreine Chlorderivate als Systemkomponenten), Einbau gittereigener Moleküle in falscher Lage, Substituenten von wählbarer geometrischer Größe und Position sowie unterschiedlichem elektronischem Charakter.

Die äußere Beeinflußbarkeit elektronenleitender und -übertragender organischer Molekularstrukturen ist auf verschiedene Weise möglich. Optisch oder elektrisch bewirkte cis-trans-Umlagerungen, Konjugationsaufhebung, Molekülumpolarisierung, Drehung oder Rotation beweglicher Gruppen, Ordnungs-Unordnungs-Übergänge und damit gesteuerte Tunnelströme sowie feldabhängig auftretende Schaltvorgänge durch intermolekulare „Elektronenemission" an Defekten linearmolekularer Elektronenleiter seien genannt als Beispiele für molekularelektronische Mechanismen. Wegen der geringen geometrischen Abmessungen der Funktionsbereiche sind mit relativ geringem Aufwand auch ausgesprochene Hochfeldeffekte gut zugänglich. So erzeugt eine Spannung von nur 100 mV über der Photosynthesemembran eine Feldstärke von $10^5$ V/cm, die über den Stark-Effekt von eingelagertem Chlorophyll oder Karotinoiden auf optischem Wege meßbar ist (molekulares Voltmeter) [11.5].

Detaillierten Untersuchungen muß vorbehalten bleiben, ob sich die für Schieberegister verwendete „Eimerkettenschaltung" mit ladungsgekoppelten Strukturen (CCD = charge coupled devices) der Mikroelektronik molekularelektronisch z. B. durch bewegliche Ladungsdichtewellen (CDW = charge density waves) ersetzen läßt, ob statt verteilter Netzwerkparameter verteilte Funktionen zu verwirklichen sind und ob sich schließlich Realisierungsmöglichkeiten abzeichnen für Lernmatrizen, Neuronennetzmodelle (Perzeptron) oder z. B. homogene MARKOsche Schichten [11.6, 11.7, 11.8, 11.9]. Die Diskussion des Auftretens solitonartiger Anregungen im Elektronensystem linearer organischer Leiter [11.10, 11.11] oder die funktionellen Analogien zwischen Clustern und den aktiven Zentren von Enzymen (s. 2.4.) eröffnen ebenfalls Ausblicke auf bisher nicht näher untersuchte elektronisch-molekulare Prozesse, die eine qualitativ neue Stufe der Informationsaufnahme, -verknüpfung und -umwandlung erwarten lassen könnten.

## *11.3. Störeinflüsse und Zuverlässigkeit*

Die ausreichende zeitliche und energetische Definiertheit der molekularelektronischen Funktionsbereiche wird durch eine ganze Reihe von Störeinflüssen begrenzt, die äußere und innere Ursachen sowie statischen oder dynamischen Charakter haben können (z. B. thermische Fluktuationen, Diffusionsprozesse, Migration, thermisch induzierte mechanische Spannungen, besonders in piezoelektrischen Substanzen). Eingehende Untersuchungen sind erforderlich über die Auswirkungen charakteristischer Längen (mittlerer freier Weglängen, Eindringtiefen usw.) und die sinnvolle Weiterverwendbarkeit der darauf aufbauenden Begriffe sowie auch über die Konsequenzen aus der Unschärferelation. Eine weitere unvermeidbare Störgröße ist der rasch wachsende Einfluß der Höhenstrahlung bei zunehmender Verringerung der Abmessungen, die die Funktionsbereiche noch besitzen. Zuverlässigkeitsfragen, die aus diesem Einfluß herrühren und in sehr engen Beziehungen zu den biologischen Problemen der Strahlenschädigung und Mutationsrate stehen, sind schon erwähnt worden (s. 2.5.) und gelten hier verschärft.

Auf Informationsverarbeitungsprozesse zwischen sehr eng benachbarten Energiestufen könnte möglicherweise auch das Magnetfeld der Erde Einfluß haben.

Der Umfang, in dem sich derartige Prozesse und Größen als technische Grenzen auswirken, und die Frage, ob unter Umständen die Gewährleistung einer ausreichend großen Redundanz ein Volumen der molekularelektronischen Funktionsbereiche erfordert, das um ein Mehrfaches das eines zunächst ausreichend groß erscheinenden Moleküls übertrifft, bedarf noch der Klärung. Offen ist auch, ob sich durch systemtheoretische Konzepte für die Konstruktion zuverlässiger Systeme aus unzuverlässigen Elementen [11.9, S. 15] oder durch Weiterentwicklungen von Prinzipien der unscharfen Systemidentifikation[11.12] technische Möglichkeiten für Strukturen und Prozesse der Informationsverarbeitung bieten, die von herkömmlichen festkörperphysikalisch-kristallchemischen Erwägungen aus nur schwer hinsichtlich ihrer Existenz und Zugänglichkeit zu erkennen sind.

Auf die Beziehung der molekularelektronischen Konzeption nicht nur zum konkreten technischen Fortschritt, sondern auch zur aktuellen Entwicklung der Systemtheorie in Beziehung zur Physik [11.13], auf die Berührungsstellen mit Grundfragen der Natur- und Technikwissenschaften, der Erkenntnistheorie sowie spezieller philosophischer Probleme der Physik und der Biowissenschaften kann hier nur hingewiesen werden.

# 12. Bionik elektronischer Prozesse

## *12.1. Werkstoffbionik organischer Elektronenleiter*

Bionisches Denken [12.1] geht von der Erfahrung aus, daß sich biologische Strukturen und Prozesse von der molekularen Ebene über Organe bis hin zu Organismen und Populationen als außerordentlich hoch optimiert erweisen. Es bezweckt, durch systemtheoretische Vergleiche, die auf tiefgründigen morphologischen, chemischen, physikalischen und funktionellen Analysen aufbauen, Gütekriterien (Wirkungsgrad, Packungsdichte, Leistungsgewicht, Zuverlässigkeit) und Problemlösungen (Morphologie und Struktur, Materialökonomie, Art des Prozeßablaufes) zu gewinnen, die möglichst über eine denkanregend-heuristische Funktion hinaus auch in Gestalt neuartiger technischer Strukturen und Prozesse zum Fortschritt der Technik beitragen [12.2]. Aus den Bereichen Statik der Baukonstruktionen, Orientierung und Peilung in verschiedenen Medien, Hydro- und Aerodynamik bewegter Objekte und neurale Informationsverarbeitung sind Beispiele allgemein bekannt. Trotz der bisherigen Bemühungen und erzielter imponierender Erfolge steht die Bionik noch am Anfang ihrer Entwicklung. Bionisches Herangehen ist vielfach erst bei hohem technischem und technologischem Stand und bei relativ komplexen Systemen auf der Ebene des Vergleichs von Funktionen angebracht. Andererseits ist nicht alles Biologische zugleich auch technisch optimal oder auch nur möglich (stofflicher Zusammenhalt, Wachstum, Eiweißstoffe). Die prinzipielle Berechtigung und die wachsende Nützlichkeit bionischen Herangehens an technische Probleme wird jedoch auch von den organischen elektronenleitenden Substanzen und Strukturen nachdrücklich unterstrichen. In den Abschnitten 2.4. und 2.5. wurden bereits die lichtinduzierte Erzeugung elektrischer Potentiale, die Sensibilisatoren, die Farbstoffaggregate und andere Beispiele angeführt. Besondere Bedeutung kommt darüber hinaus u. a. auch neuen Werkstoffen für elektrisch leitende Membranen zu. Im Organismus spielen biologische Membranen eine grundlegende Rolle, nicht nur beim Stoffaustausch, sondern auch für den Ladungstransport. Der Aufbau und auch der Ausgleich elektrischer Potentialdifferenzen über der Membran erfolgen durch Elektronenleitung und Ionenleitung gemeinsam. Untersuchungen an elektronisch leitenden Modellsystemen können zur Klärung von Einzelheiten des sehr komplexen Zusammenspiels der beiden Ladungstransportarten, des Ausmaßes der Tunnelleitung und zur Kenntnis der effektiven Beweglichkeiten bei den herrschenden hohen Feldstärken beitragen. Zugleich wird durch die Ionenleitungsprozesse in Membranen nahegelegt, künftig auch der Protonenleitung in organischen Festkörpern ebenso mehr Beachtung zu schenken wie der Frage nach der Existenz organischer Supraionenleiter. Im Bereich der anorganischen Verbindungen sind bereits mehrere Stoffklassen mit rein ionischer Leitfähigkeit in der Größenordnung $1\,\Omega^{-1}\,cm^{-1}$ bekannt [12.3].

## *12.2. Biologische Wellenleiter und spezielle Redoxprozesse*

Die wechselseitigen Anregungen zwischen biologischen und technisch-physikalischen Untersuchungen sowie die weitreichenden Beziehungen organischer Elektronenleiter zu Vorgängen im lebenden Organismus sollen an zwei weiteren Beispielen verdeutlicht werden.

Die halbkugelförmigen Komplexaugen der Biene bestehen aus einigen tausend Ommatidien mit einem axialen Photodetektorsystem (Rhabdom). Diese schlank zylinderförmigen Gebilde haben einen Durchmesser von etwa 4 $\mu$m, eine Länge von 350 $\mu$m und einen Brechungskoeffizienten von 1,347; der Brechungskoeffizient der Umgebung liegt mit 1,339 geringfügig tiefer. Die Moleküle des Sehfarbstoffs bilden eine geordnete Struktur (Mikrovillisaum), die in Abbildung 12–1 durch die Schraffierung der Quadranten angedeutet ist. Je Quadrant wirken zwei lichtempfindliche Gebiete der Retinularzelle als Photodetektoren. Durch die Anordnung der Mikrovilli wird die gesamte Anordnung geeignet zum Nachweis der Polarisationsrichtung des einfallenden Lichtes, da die Lichtabsorption (maximal 1,8%/$\mu$m) bei paralleler Lage des elektrischen Vektors zu den Mikrovilli größer ist als bei Lage senkrecht dazu. Auf Grund der geometrischen Abmessungen des Rhabdoms erfolgt die Lichtausbreitung in ihm in Form von Moden. Im Unterschied zu Lichtleitfasern gleicher Abmessungen liegt hier jedoch ein Wellenleiter vor, der stark verlustbehaftet ist und dazu

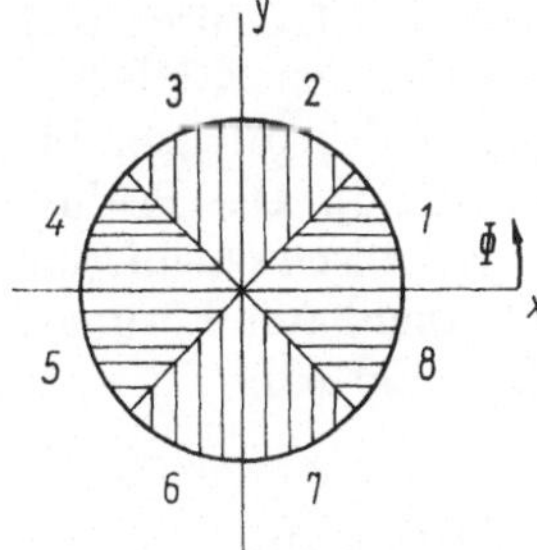


Abb. 12–1. Bienenauge – Querschnitt eines Ommatidiums. Schraffierung: Mikrovillisaum, Ziffern 1···8: Photodetektoren

ausgeprägtes Anisotropieverhalten zeigt. Seine mathematisch-physikalische Analyse [12.4] und die der Modenkopplung erfolgt mit den gleichen Mitteln wie bei laseroptischen Anordnungen, Strukturen der integrierten Optik oder Mikrowellenhohlleitern und gestattet das Verständnis der bekannten Fähigkeit der Biene, sich auch bei Wolkenbedeckung nach der Polarisationsrichtung des Sonnenlichtes zu orientieren. Elektrophysiologische Untersuchungen am Einzelommatidium stehen noch aus; doch ist von anderen Untersuchungen her die weitgehende Übereinstimmung der Wellenlängenabhängigkeit des Elektroretinogramms mit dem Absorptionsspektrum von Sehfarbstoffen gut bekannt [12.5].

Zu den biologisch wichtigen Redox- bzw. Elektronentransferreaktionen, die zugleich mit Stofftransport auf molekularer Ebene verbunden sind, gehört auch die Sauerstoffübertragung im Atmungsvorgang. Dieser Prozeß beruht auf dem reversiblen Übergang $Fe^{II} \rightleftharpoons Fe^{III}$ und steht damit im Zusammenhang der Verbindungen mit gemischter Wertigkeit (mixed valence). Seine Ablösung vom biologischen Substrat und Stabilisierung bzw. Nachbildung würde die Herstellung von synthetischem Blut und künstlichen Kiemen für Taucher ermöglichen. Noch wichtiger wäre analog die Direktübertragung von Luftstickstoff auf die Pflanze. Die heute üblichen Verfahren der chemischen Stickstoffdüngung sind technisch und energetisch aufwendig oder importintensiv. Für den Einbau der Fähigkeit zur Bindung des Luftstickstoffs in den Genbestand der Zelle, wie es bei den Knöllchenbakterien der Fall ist, fehlen bei den Kulturpflanzen bisher die Realisierungsmöglichkeiten [12.6]. Die Prüfung von Alternativlösungen, die von physikalisch-chemischen Konzepten ausgehend zu technisch brauchbaren Lösungen führen sollen, bleibt deshalb durchaus aktuell.

## *12.3. Wissenschaftsintegration und Umweltpolitik*

Durch die notwendige Berücksichtigung physikalischer, chemischer, biologischer und technisch-ökonomischer Aspekte an ein und demselben Problemkreis nebeneinander liegt in der Bearbeitung der organischen Stoffe mit Elektronenleitung ein starker Zug in Richtung weiterer Wissenschaftsintegration. Die unabdingbare Voraussetzung der interdisziplinären Zusammenarbeit benachbarter, aber auch bisher weit voneinander entfernter Wissenschaftsgebiete begünstigt den fortschreitenden Abbau geistiger Potentialbarrieren zwischen ihnen. Es entstehen Beiträge zu einem besser physikalisch und chemisch begründeten Verständnis biologischer Sachverhalte und Prozesse, die sich nicht nur in neuen biotechnischen und medizintechnischen Geräten und Verfahren äußern, sondern auch weitere Fortschritte bei der stofflichen, energetischen und informationstechnisch-kommunikativen Kopplung Mensch—Maschine als wichtigstem Spezialfall einer gemischt biologisch—nichtbiologischen Systembildung bewirken.

Darüber hinaus kann die weitere Untersuchung der Elektronentransportprozesse in organischen Festkörpern dazu beitragen, Denkweisen und darauf aufbauendes Handeln zu fördern, das Überlegungen zur Entwicklung und Gestaltung der technisch-wirtschaftlichen Verhältnisse in den nächsten Jahrzehnten betrifft. In die Diskussionen zur Energie- und Rohstoffstrategie sowie zur Einführung neuer Technologien im weitesten Sinne dürfen biologische, klimatologische und geologische Aspekte nicht mehr nur als Randbedingungen hinzugezogen, sondern müssen als integrale Bestandteile einer umfassenden Gesamtsicht behandelt werden. Die industriell geprägte Nutzung und Beherrschung der Natur muß künftig in viel stärkerem Maße als bisher tieferes Verständnis und vermehrte Verantwortung für sie einschließen. Die Forschungsarbeiten zur Elektronenleitfähigkeit in organischen Stoffen sollen deshalb nicht nur wissenschaftliche und technische Detaillösungen für eine Reihe wichtiger Probleme hervorbringen. Wir hoffen, daß die mit ihnen verbundene bessere Kenntnis weitreichender Zusammenhänge zwischen Natur und Technik auch gesellschaftlich-politische Handlungsweisen unterstützt, für die die Erhaltung und Förderung menschlichen Lebens und seiner natürlichen Umwelt oberstes Gebot ist.

# 13. Literaturverzeichnis

## *13.1. Literatur zu den einzelnen Kapiteln*

### *Literatur zu Kapitel 2*


[2.1] HAMANN, C.: physica status solidi **4** (1964) K 97.

[2.2] KALLMANN, H.; POPE, M.: J. chem. Physics **32** (1960) 300.

[2.3] KOSSMEHL, G.: Umschau **67** (1967) 636.

[2.4] SCHMIDT, K.; WEDEL, K.: physica status solidi **35** (1969) K 89.

[2.5] SWAROOP, N.; PREDECKI, P.: J. appl. Physics **42** (1971) 863.

[2.6] SZYMANSKI, A.; LARSON, D. C.; LABES, M. M.: Applied Physics Letters **14** (1969) 88.

[2.7] CARCHANO, H.; LACOSTE, R.; SEGNI, Y.: Applied Physics Letters **19** (1971) 414.

[2.8] MEIER, H.: Organic Semiconductors. Dark- and Photo-Conductivity of Organic Solids. Verlag Chemie, Weinheim 1974, S. 458 (Monographs in Modern Chemistry, Vol. 2. Ed.: EBEL, H. F.).

[2.9] ORON, N.; OFRAN, M.; WEINREB, A.: J. appl. Physics **41** (1970) 4649.

[2.10] KILLESREITER, H.: Ber. Bunsenges. physik. Chemie **77** (1973) 938.

[2.11] Tagungsmaterialien 3. Fachtagung Elektrofotografie und nichtkonventionelle fotophysikalische Prozesse, 31. Januar — 3. Februar 1978, Magdeburg (DDR), Kurzreferate.

[2.12] MEIER, H.; ALBRECHT, W.: Ber. Bunsenges. physik. Chemie **73** (1969) 86.

[2.13] ROSENBERG, B.; HECK, R. J.; AZIZ, K.: J. opt. Soc. America **54** (1964) 1018.

[2.14] Kahle, M.: Neues Deutschland (Berlin), 24./25. Juni 1978.
[2.15] Helfrich, W.; Mark, P.: Z. Physik **171** (1963) 527.
[2.16] Pohl, H. A.: Electro-Technol. **67** (1961) 85.
[2.17] Gregor, H. P.; Heller, A. N.; Mark, H. F.: Ann. New York Acad. Sci. **155** (1969) 577.
[2.18] Anonym: Naturwiss. Rdsch. **31** (1978) 122.
[2.19] Samoilowitsch, A. G.; Korenblit, L. L.: (Самойлович, А. Г.; Коренблит, Л. Л.): Физика твёрдого тела **3** (1961) 2054.
[2.20] Bogomolow, W. N.: (Богомолов, В. Н.): Физика твёрдого тела **14** (1972) 1575.
[2.21] Hanlon, L. R.; Falardeau, E. R.; Fischer, J. E.: Solid State Commun. **24** (1977) 377.
[2.22] Stern, F.: Surface Sci. **58** (1976) 333.
[2.23] Esaki, L.; Tsu, R.: Int. Business Machines (IBM) J. Res. Develop. **14** (1970) 61.
[2.24] Bloch, A. N.: Physic. Rev. Letters **28** (1972) 753.
[2.25] Peierls, R. E.: Quantum Theory of Solids, Oxford University Press, London 1955.
[2.26] Cowan, D. O.; Pasternak, G.; Kaufmann, F.: Proc. natl. Acad. Sci. (USA) **66** (1970) 837.
[2.27] Hall, D. O.; Cammack, R.; Rao, K. K.: Chemie in unserer Zeit **11** (1977) 165.
[2.28] Berg, U.; Dräger, G.; Mosebach, K.; Brümmer, O.: physica status solidi (b) **75** (1976) K 89.
[2.29] Hanke, W.: Z. Chem. **9** (1969) 1.
[2.30] Rosenberg, B.; Misra, T. N.; Switzer, F.: Nature **217** (1968) 423.
[2.31] Euler, K. J.: Naturwissenschaften **58** (1971) 121.
[2.32] Bechgaard, K.; Jacobsen, C. S.; Andersen, N. H.: Solid State Commun. **25** (1978) 875.
[2.33] Inokuchi, H.; Mori, Y.; Wakayama, N.: J. Catalysis **8** (1967) 288.
[2.34] Hoegl, H.: J. physic. Chem. **69** (1965) 755.
[2.35] Brunner, F.; Poetsch, H.; Schwarzbach, F.: Chemiker-Ztg. **96** (1972) 552.
[2.36] Bruck, S. D.: Polymer (London) **16** (1975) 25.
[2.37] Hartmann, W.: Nachrichtentechnik. Elektronik **28** (1978) 5.
[2.38] Broda, E.: Naturwiss. Rdsch. **28** (1975) 365.
[2.39] Böger, P.; Meyer-Abich, K.-M.; Schindler, R. N.: Naturwiss. Rdsch. **31** (1978) 89.

[2.40] HOLLEMANN, A. F.; WIBERG, E.: Lehrbuch der Anorganischen Chemie. Walter de Gruyter KG., Berlin 1971; S. 337; 645.

[2.41] SHANKS, H. R.: Solid State Commun. **15** (1974) 573.

[2.42] WÜRFEL, P.; HAUSEN, H. D.; KROGMANN, K.; STAMPFL, P.: physica status solidi (a) **10** (1972) 537.

[2.43] CHIANG, C. K.; SPAL, R.; DENENSTEIN, A.; HEEGER, A. J.: Solid State Commun. **22** (1977) 293.

[2.44] KIREJEW, P. S.: Physik der Halbleiter. Akademie-Verlag, Berlin 1974, S. 188.

[2.45] KOCH, J. F.: Festkörperprobleme/Advances in Solid State Physics XV (Hrsg.: H. J. QUEISSER). Pergamon Press/Friedrich Vieweg & Sohn Verlagsgesellschaft mbH., Braunschweig **1975**, S. 79.

[2.46] KELDYSCH, L. W.; MANENKO, A. D.; MILJAJEW, W. A.: MICHAILOWA, G. N. (Келдыш, Л. В.; Маненько, А. Д.; Миляев, В. А; Михайлова, Г. Н.): Журнал экспериментальной и теоретической физики **66** (1974) 2178.

[2.47] GREENE, R. L.; STREET, G. B.; SUTER, L. J.: Physic Rev. Letters **34** (1975) 577.

[2.48] CHAPLINE, G. F.: Physic. Rev. **B 6** (1972) 2067.

[2.49] FOLEY, G. M. T.; ZELLER, C.; FALARDEAU, E. R.; VOGEL, L. F.: Solid State Commun. **24** (1977) 317.

[2.50] BULAJEWSKI, L. N. (Булаевский, Л. Н.): Успехи физических наук **116** (1975) 449.

[2.51] HAMANN, C.; HÖHNE, H.-J.; KERSTEN, F.; MÜLLER, M.; STARKE, M.: s. [Z 31], S. 27.

[2.52] EPSTEIN, A. J.; ETEMAD, S.; GARITO, A. F.; HEEGER, A. J.: Physic. Rev. **B 6** (1972) 952.

[2.53] FERRARIS, J. P.; COWAN, D. O.; WALATKA, V. V., u. a.: J. Amer. chem. Soc. **95** (1973) 948.

[2.54] GEIPEL, W.: Dissertation A, Technische Hochschule Karl-Marx-Stadt, 1977.

[2.55] SHIRAKAWA, H.; LOUIS, E. J.; MAC DIARMID, A. G., u. a.: J. chem. Soc. (London) Chem. Commun. **1977**, S. 578.

*Literatur zu Kapitel 3*

[3.1] Anonym: Techn. Gemeinschaft **26** (1978) 29.

[3.2] PERLSTEIN, J. H.: Angew. Chem. **89** (1977) 534.

[3.3] BLOCH, A. N.; COWAN, D. O.; POEHLER, T. O.: s. [Z 23], S. 167.

[3.4] HAMANN, C.: Z. physik. Chem. **236** (1967) 271.
[3.5] HAMANN, C.; HEIM, J.: Reinstoffprobleme, Bd. V. 4. Internationales Symposium Reinststoffe in Wissenschaft und Technik, 14.—17. Oktober 1977 in Dresden. Akademie-Verlag, Berlin 1977; S. 113.
[3.6] HEIM, J.: Dissertation A, Technische Hochschule Karl-Marx-Stadt, 1974.
[3.7] ELIAS, H.-G.: Makromoleküle, Struktur — Eigenschaften — Synthesen — Stoffe. Hüthig und Wept Verlag, Basel—Heidelberg 1972 (2. Aufl.).
[3.8] s. [Z 31], S. 27.
[3.9] SOMOANO, P. M.; GUPTA, A.; HÁDEK, V., u. a.: J. chem. Physics **63** (1975) 4970.
[3.10] CHAIKIN, P. M.; KWAK, J. F.: Solid State Commun. **19** (1976) 1201.
[3.11] GUNNING, W. J.; KHANNA, S. K.; GARITO, A. F., u. a.: Solid State Commun. **21** (1977) 765.
[3.12] CRAVEN, R. A.; TOMKIEWICZ, Y.; ENGLER, E. M.; TARANKO, A. R.: Solid State Commun. **23** (1977) 429.

*Literatur zu Kapitel 4*

[4.1] HAMANN, C.: Z. physik. Chem. **236** (1967) 271.
[4.2] ANZAI, H.: J. Crystal Growth **33** (1976) 185.
[4.3] HOFMANN, H.; SPINDLER, J.: Dissertation A, Technische Hochschule Karl-Marx-Stadt, 1973.
[4.4] BALDAUF, L.; HAMANN, C.; LIBERA, L.: Plaste u. Kautschuk **25** (1978) 61.
[4.5] HAMANN, C.; HÖHNE, H.-J.: Wiss. Z. Techn. Hochschule Karl-Marx-Stadt **17** (1975) 391.
[4.6] GEIPEL, W.: Dissertation A, Technische Hochschule Karl-Marx-Stadt, 1977.
[4.7] CHEN, T. H.; SCHECHTMANN, B. H.: Thin Solid Films **30** (1975) 173.
[4.8] HEIM, J.: Unveröffentlichte Ergebnisse.
[4.9] CHAUDHARI, P.; SCOTT, B. A.; LAIBOWITZ, R. B.: Appl. Physics Letters **24** (1974) 439.
[4.10] VOLLMANN, W.; REINHARDT, C.: Unveröffentliche Ergebnisse.

*Literatur zu Kapitel 5*


[5.1] BAGLISS, N. S.: J. chem. Physics **16** (1948) 287.
[5.2] KUHN, H.: J. chem. Physics **16** (1948) 840.
[5.3] SIMPSON, W. T.: J. chem. Physics **16** (1948) 1124.
[5.4] STAAB, H. A.: Einführung in die Theoretische Organische Chemie. Verlag Chemie, Weinheim 1959.
[5.5] KELLER, R. E.; RAST, H. E.: J. chem. Physics **36** (1962) 2640.
[5.6] FRÖHLICH, H.; SEWELL, G.: Proc. physic. Soc. (London) **74** (1959) 643.
[5.7] TOGOZAWA, Y.: Progr. theoret. Physics (Kyoto) **26** (1961) 29.
[5.8] POHL, H. A.; OPP, D. A.: J. physic. Chem. **66** (1962) 2121.
[5.9] GLARUM, S. H.: J. physic. Chem. Solids **24** (1963) 1577.
[5.10] CHRISTOV, S. G.: Ann. Physik VII-12 (1963) 20; VII-15 (1965) 87.
[5.11] GRÄSSLER, G.: Dissertation A, Pädagogische Hochschule Potsdam, 1978.
[5.12] LE BLANC, O. H.: J. chem. Physics **35** (1961) 1275.
[5.13] KATZ, I.; RICE, S.; CHOI, S.; JORTNER, J.: J. chem. Physics **39** (1963) 1673.
[5.14] FRIEDMAN, L.: Physic. Rev. **A 133** (1964) 1668.
[5.15] KUBAREW, S. I.; PONOMAREW, O. A. (Кубарев, С. И.; Пономарев, О. А.): Теоретическая и экспериментальная химия **4** (1968) 498.
[5.16] WESSELOW, M. G. (Веселов, М. Г.): Элементарная Квантовая теория атомов и молекул. Moskau 1962
[5.17] MULLIKAN, R. S.: J. chem. Physics **7** (1939) 14.
[5.18] JOFFE, A. F.: Canad. J. Physics **34** (1956) 1342.
[5.19] FRÖHLICH, H.: Physica **19** (1953) 755.
[5.20] KERSTEN, F.; HAMANN, C.: Kristall u. Technik **9** (1974) 835.
[5.21] MACKE, W.: Quanten. Akademische Verlagsgesellschaft Geest & Portig K.-G., Leipzig 1965.
[5.22] TREDGOLD, R. H.: Space Charge Conduction in Solids. Elsevier Publishing Company, Amsterdam—London—New York 1966.
[5.23] HELFRICH, W.: physica status solidi **7** (1964) 863.
[5.24] STÖCKMANN, F.: Halbleiterprobleme VI (Hrsg. SAUTER,

F.). Akademie-Verlag GmbH., Berlin; Friedrich Vieweg & Sohn, Braunschweig 1961, S. 278.
[5.25] HAMANN, C.: Dissertation B, Technische Hochschule Karl-Marx-Stadt, 1970.
[5.26] AOKI, R.: s. [Z 23], S. 153.
[5.27] RICE, M. J.: s. [Z 27], S. 23.
[5.28] MEISSNER, G.: s. [Z 28], S. 71.
[5.29] RICE, M. J.; STRÄSSLER, S.: Solid State Commun. **13** (1973) 125.
[5.30] FRÖHLICH, H.: Proc. Roy. Soc. (London) **A 223** (1954) 296.

*Literatur zu Kapitel 6*

[6.1] TOPTSCHIJEW, A. W.; GEIDERICH, M. A.; DAWYDOW, B. E.; KARGIN, W. A., u. a.: (Топчиев, А. В.; Гейдерих, М. А.; Давыдов, Б. Э,; Каргин, В. А., и др.): Доклады Академии Наук СССР **128** (1959) 312.
[6.2] WINSLOW, F. H.; BAKER, W. O.; YAGRE, W. A.: J. Amer. chem.) Soc. **77** (1955) 4751.
[6.3] HAMANN, C.: Institutsreport No. 13, Deutsche Akademie der Wissenschaften zu Berlin, Forschungsgemeinschaft. Institut für Angewandte Physik der Reinststoffe Dresden 1962.
[6.4] MARK, H.: Israel. J. Chem. **10** (1972) 407.
[6.5] BRUCH, S. D.: Polymer (London) **6.** (1965) 319.
[6.6] NISHIZAKI, S.; KUSAGAWA, H.: J. chem. Soc. Japan, ind. Chem. Sect. (Kōgyō Kagaku Zassi) **66** (1963) 861.
[6.7] TERENTJEW, A. P.; WOSSHENNIKOW, W. M., u. a. (Терентьев, А. П.; Возженников, В. М., и. др.): Доклады Академии Наук СССР **160** (1965) 405.
[6.8] AMMAR, A.; YOUNG, D. A.: Brit. J. appl. Physics **15** (1964) 131.
[6.9] REMBAUM, A.; MOACANIN, J.; POHL, H. A.: Polymeric semiconductors. Progress in Dielectrics Vol. 6 (Eds.: J. B. Birks; J. Hart). Academic Press, New York 1965.
[6.10] VOGEL, H.; MARVEL, C. S.: J. Polymer Sci. **50** (1961) 511; POHL, H. A.; CHARTOFF, R. P.: J. Polymer Sci. **A-2, 2** (1964) 2787.
[6.11] STORBECK, I.: Dissertation A, Technische Universität Dresden, 1968.
[6.12] HAMANN, C.; SCHMIDT, H.: Plaste u. Kautschuk **16** (1969) 85.

[6.13] Epstein, A.; Wildi, B. S.: J. chem. Physics **32** (1960) 324.
[6.14] Geipel, W.: Dissertation A, Technische Hochschule Karl-Marx-Stadt, 1977.
[6.15] Schukat, G.; van Hinh, L.; Fanghänel, E.; Libera, L.: J. prakt. Chem. **320** (1978) 404.
[6.16] Yagi, K.; Hanai, M., u. a.: J. chem. Soc. Japan, ind. Chem. Sect. (Kōgyō Kagaku Zassi) **69** (1966) 881.
[6.17] Klöpffer, W.; Rabenhorst, H.: J. chem. Physics **46** (1967) 1362.
[6.18] Knoesel, R.; Gebus, B.: Bull. Soc. Chim. France **26** (1969) 294.
[6.19] Taniguchi, A.; Kanda, S.: Bull. chem. Soc. Japan **37** (1964) 1386.
[6.20] Summers, J. W.; Litt, M. H.: J. Polymer Sci. **A-1, 11** (1973) 1379.
[6.21] Lupinski, J. H.; Kopple, K. D.; Hertz, J. J.: J. Polymer Sci. **C, 16** (1967) 1561.
[6.22] Dulow, A. A.; Scherle, A. I., u. a. (Дулов, А. А.; Шерле, А. И., и др.): Высокомолекуларные соединения **8** (1974) 83.
[6.23] Bruce, J. M.; Herson, J. R.: Polymer (London) **8** (1967) 619.
[6.24] Mizoguchi, K.; Suzuki, T., u. a. J. chem. Soc. Japan, pure Chem. Sect. (Nippon Kagaku Zassi) **894** (1973) 1765.
[6.25] Rembaum, A.; Hermann, A. M.: J. physic. Chem. **73** (1969) 513.

*Literatur zu Kapitel 7*

[7.1] Schmidt, H.; Hamann, C.: Ber. Bunsenges. physik. Chemie **69** (1965) 391.
[7.2] Labes, M.; Sehr, R.; Bose, M.: Proc. Intern. Conf. on Semicond. Physics, Prague 1960.
Acad. Sci., Prague, Czech. 1961, S. 850.
[7.3] Akamatu, H.; Inokuchi, H.; Matsunaga, Y.: Bull. chem. Soc. Japan **29** (1956) 213.
[7.4] Hoare, J.; Pratt, J. M.: J. chem. Soc. (London) (1969) 1320.
[7.5] Melby, R.; Harder, R. J., u. a.: J. Amer. chem. Soc. **84** (1962) 3374.
[7.6] Kepler, R. G.: J. chem. Physics **39** (1963) 3528.

[7.7] Matsunaga, Y.: J. chem. Physics **42** (1965) 2248.

[7.8] Ohmasa, M.; Kinoshita, M., u. a.: Bull. chem. Soc. Japan **41** (1968) 1998.

[7.9] Bretschneider, H.; Libera, L., u. a.: Wiss. Z. Techn. Hochschule Karl-Marx-Stadt **27** (1975) 281.

[7.10] Wartanjan, A. T. (Вартанян, А. Т.): Журнал физической химии **22** (1948) 769.

[7.11] Eley, D. D.: Nature **162** (1948) 819.

[7.12] Hamann, C.: Dissertation B, Technische Hochschule Karl-Marx-Stadt, 1970.

[7.13] Menter, J. W.: Proc. Roy. Soc. (London) **A 236** (1956) 119.

[7.14] Lehmann, G.: Dissertation A, Technische Hochschule Karl-Marx-Stadt, 1972.

[7.15] Hamann, C.; Kersten, F.: Kristall u. Technik **13** (1978) 145.

[7.16] Hamann, C.; Starke, M.; Wagner, H.: physica status solidi (a) **16** (1973) 463.

[7.17] Zosel, D.: Dissertation A, Pädagogische Hochschule Potsdam, 1969.
Müller, E.: Dissertation A, Pädagogische Hochschule Potsdam, 1969.
Müller, E.; Ritschel, H.; Hänsel, H.: Z. physik. Chem. **251** (1972) 163.

[7.18] Starke, M.: Dissertation A, Technische Universität Dresden, 1968.

[7.19] Kronick, P. L.: Labes, M. L.: J. chem. Physics **35** (1961) 2016.

*Literatur zu Kapitel 8*

[8.1] Hörhold, H.-H.: Z. Chem. **12** (1972) 41.

[8.2] Drefahl, G.; Henkel, H.-J.: Z. physik. Chem. **206** (1956) 93.

[8.3] Bradley, A.; Hammes, J. P.: J. electrochem. Soc. **110** (1963) 543.

[8.4] Kolotyrkin, W. M.; Gilman, A. B.; Zapuk, A. K. (Колотыркин, В. М.; Гильман, А. Б.; Цапук, А. К.): Успехи химии **36** (1967) 1380.

[8.5] Okamoto, K.; Kusabayashi, S.; Hiroshi, M.: Bull. chem. Soc. Japan **46** (1973) 1948; 1953; 2324; 2613; 2883.

[8.6] Hoegl, H.: J. physic. Chem. **69** (1965) 755.

[8.7] HÖHNE, H.-J.: Diplomarbeit, Technische Hochschule Karl-Marx-Stadt, 1973.
[8.8] GILL, W. D.: J. appl. Physics **43** (1972) 5033.
[8.9] MOST, J.; PFISTER, G.; GRAMMATICA, S.: Solid State Commun. **18** (1976) 693.

*Literatur zu Kapitel 9*

[9.1] COLEMAN, L. B.; COHEN, M. J.; SANDMAN, D. J.; YAMAGISHI, F. G.; GARITO, F. G.; HEEGER, A. F.: Solid State Commun. **12** (1973) 1125.
[9.2] PERLSTEIN, J. H.: Angew. Chem. **89** (1977) 534.
[9.3] BLOCH, A. N.; COWAN, D. C.; POEHLER, T. C.: s. [Z 23], S. 167.
[9.4] TOMKIEWICZ, Y.: Conference on Organic Conductors and Semiconductors, Siofok, Ungarn, 1976 (Vortrag) (s. auch [Z 31]).
[9.5] HERMAN, R. M.; SALOMON, M. B., u. a.: Solid State Commun. **19** (1976) 137.
[9.6] PHILLIPS, T. E.; KISTENMACHER, T. J.; BLOCH, A. N.; COWAN, D. O.: J. chem. Soc., Chem. Commun. (1976) 334.
[9.7] REINHARDT, C.; HAMANN, C.; LIBERA, L.: VOLLMANN, W.: Tagung Organische Festkörper, Erfurt, 1978 (Vortrag).
[9.8] SIMONYI, E. E.; SCOTT, B. A.; WHITE, E. A. D.: Mater. Res. Bull. **11** (1976) 374.
[9.9] UKEI, K.: Acta Crystallogr. (London) **B 29** (1973) 2290.
[9.10] UKEI, K.: Physics Letters **45 A** (1973) 345.
[9.11] UKEI, K.: Physics Letters **55 A** (1975) 111.
[9.12] HAMANN, C.; HÖHNE, H.-J.; KERSTEN, F.; MÜLLER, M.; STARKE, M.: physica status solidi (a) **50** (1978) K 189; Tagung Organische Festkörper, Erfurt, 1978 (Vortrag).

*Literatur zu Kapitel 10*

[10.1] BUCKEL, W.: Supraleitung. Grundlagen und Anwendungen. Akademie-Verlag, Berlin 1973.
[10.2] GINSBURG, W. L.; KIRSHNIZ, D. A. (Гинзбург, В. Л.; Киржниц, Д. А.): Проблема высокотемпературной сверхпроводимости. Verlag Nauka, Moskau 1977.
[10.3] GINZBURG, V. L.: J. Polym. Sci. **C, 29** (1970) 3.
[10.4] PERLSTEIN, J. H.: Angew. Chem. **89** (1977) 534.
[10.5] BARDEEN, J.; COOPER, L. N.; SCHRIEFFER, J. R.: Physic. Rev. **108** (1957) 1175.

[10.6] LITTLE, W. A.: Physic. Rev. **134 A** (1964) 1416.
[10.7] GINZBURG, V. L.: Contemporary Physics **9** (1968) 355.
[10.8] GINSBURG, W. L. (Гинзбург, В. Л.): Успехи физических наук **101** (1970) 185.
[10.9] HOFFMAN, B. M.; GAMBLE, F. R.; MCCONNELL, H. M.: J. Amer. Chem. Soc. **89** (1967) 27.
[10.10] BULAJEWSKI, L. N. (Булаевский, Л. Н.): Успехи физических наук **120** (1976) 259.
[10.11] GREENE, R. L.; STREET, G. B.; SUTER, L. J.: Physic. Rev. Letters **34** (1975) 577.

*Literatur zu Kapitel 11*

[11.1] HARTMANN, W.: Nachrichtentechnik. Elektronik **28** (1978) 5.
[11.2] HARTMANN, W.: Nachrichtentechnik. Elektronik **28** (1978) 180.
[11.3] BOGOMOLOW, W. N. (Богомолов, В. Н.): Физики твёрдого тела **14** (1972) 1575.
[11.4] HARTMANN, W.: Nachrichtentechnik. Elektronik **28** (1978) 136.
[11.5] WITT, H.: Naturwiss. Rdsch. **31** (1978) 1575.
[11.6] STEINBUCH, K.: Automat und Mensch. Kybernetische Tatsachen und Hypothesen. Springer-Verlag, Berlin—Göttingen—Heidelberg 1963 (2. Aufl.).
[11.7] KLAUS, G. (Hrsg.): Wörterbuch der Kybernetik. Dietz Verlag, Berlin 1968.
[11.8] FORTH, E.; SCHEWITZER, E. (Hrsg.): Bionik. VEB Bibliographisches Institut, Leipzig 1976 (Meyers Taschenlexikon).
[11.9] WUNSCH, G.: Zellulare Automaten. Akademie-Verlag, Berlin 1977. (WTB Wissenschaftliche Taschenbücher, Bd. 194, Reihe Mathematik und Physik).
[11.10] SCOTT, A. C.; CHU, F. Y. F.; MAC LAUGHLIN, D. W.: Proc. Instn. electr. Engr. **61** (1973) 1443.
[11.11] COHEN, M. J.; HEEGER, A. J.: Physic. Rev. **B 16** (1977) 688.
[11.12] PESCHEL, M.: Modellbildung für Signale und Systeme. Verlag Technik, Berlin 1978.
[11.13] GUTENMACHER, L. I.; WUNSCH, G.; JUGEL, A.: Nachrichtentechnik. Elektronik **28** (1977) 460.

*Literatur zu Kapitel 12*

[12.1] FORTH, E.; SCHEWITZER, E. (Hrsg.): Bionik. VEB Bibliographisches Institut, Leipzig 1976 (Meyers Taschenlexikon).

[12.2] HEYNERT, H.: Grundlagen der Bionik. VEB Deutscher Verlag der Wissenschaften, Berlin 1976.

[12.3] BRINKMANN, D.; FREUDENREICH, W.: Solid State Commun. **25** (1978) 625.

[12.4] SNYDER, A. W.; PASK, C.: J. opt. Soc. America **62** (1972) 998.

[12.5] MEIER, H.: Organic Semiconductors. Dark- and Photo-Conductivity of Organic Solids. Verlag Chemie, Weinheim 1974, S. 443 (Monographs in Modern Chemistry, Vol. 2, Ed.: EBEL, H. F.).

[12.6] BÖHME, H.; KEIL, G.; PHILIPP, B.; RINGPFEIL, M.: Wiss. u. Fortschr. **28** (1978) 262.

## 13.2. *Zusatzliteratur: Monographien und Tagungsbände*

[Z 1] ROBERTSON, J. M.: Organic crystals and molecules. University Press, Ithaca 1953.

[Z 2] KITAIGORODSKI, A. I. (Китайгородский, А. И.): Органическая кристаллохимия. Verlag Akademii Nauk, Moskau 1955.

[Z 3] POHL, H. A. (Ed.): Proceedings of the Conference on Semiconduction in Molecular Solids. Princeton University Press, Princeton (New Jersey) 1960.

[Z 4] INOKUTO, CH.; AKUMATU, CH. (Инокути, Х.; Акамату, Х.): Электропроводность органических полупроводников. Verlag Innostranno Literaturi, Moskau 1963. (Russische Übersetzung. — Original:
INOKUCHI, H.; AKAMATU, H.: Electrical conductivity of organic semiconductors. Academic Press, New York—London 1961 (Solid State Physics, Vol. 12, Eds.: SEITZ, F.; TURNBULL, D.).

[Z 5] BRIEGLEB, H.: Elektronen-Donator-Akzeptor-Komplexe. Springer-Verlag, Berlin—Göttingen—Heidelberg 1961.

[Z 6] KALLMANN, H.; SILVER, M. (Eds.): Symposium on

Electrical Conductivity in Organic Solids. Interscience Publishers, New York 1961.

[Z 7] Brophy, J. J.; Buttrey, J. W. (Eds.:) Organic Semiconductors. Proceedings of an Inter-Industry-Conference. The McMillan Company, New York 1962.

[Z 8] Meier, H.: Die Photochemie der organischen Farbstoffe. Springer-Verlag, Berlin—Göttingen—Heidelberg 1963.

[Z 9] Toptschijew, A. W. (Топчиев, A. B.): Органические полупроводники. Verlag Akademii Nauk, Moskau 1963. (Deutsche Übersetzung: s. [Z 13]).

[Z 10] Andrews, L. J.; Keefer, R. M.: Molecular Complexes in Organic Chemistry. Holden Day Inc., San Francisco—London—Amsterdam 1964.

[Z 11] Okamoto, Y.; Brenner, W.: Organic Semiconductors. Reinhold Publishing Corp., New York 1964.

[Z 12] Sashin, B. I. (Сажин, Б. И.): Электропроводность полимеров. Verlag Chimija, Moskau—Leningrad 1964.

[Z 13] Rexer, E. (Hrsg.): Organische Halbleiter. Akademie-Verlag, Berlin 1966.

[Z 14] Fox, D.; Labes, M. M.; Weissberger, A. (Eds.): Physics and Chemistry of the organic solid state, Vol. I, II, III. Interscience Publishers Inc., New York—London 1963 (I), 1965 (II), 1967 (III).

[Z 15] Gutmann, F.; Lyons, L. E.: Organic Semiconductors. John Wiley & Sons, New York—London—Sidney 1967.

[Z 16] Boguslawski, L. I.; Wannikow, A. W. (Богуславский, Л. И.; Ванников, А. В.): Органические полупроводников и биополимеры. Verlag Nauka, Moskau 1968.

[Z 17] Gul, W. E. (Hrsg.) (Гуль, В. Е.): Полимерные пленочные материалы. Verlag Chimija, Moskau 1968.

[Z 18] Kargin, W. A. (Hrsg.): (Каргин, В. А.): Органические полупроводники. Verlag Nauka, Moskau 1968.

[Z 19] Katon, E. (Ed.): Organic Semiconducting Polymers. Edward Arnold and M. Dekker, London—New York 1968.

[Z 20] Foster, R.: Organic Charge-Transfer Complexes. Academic Press, London—New York 1968.

[Z 21] Little, W. A. (Ed.): Proceedings of the International Conference on Organic Superconductors. Interscience Publishers, New York 1970.

[Z 22] Anonym: III Всесоюзное Совещание по порганическим полупроводникам Киев 13—17 декабря 1971 г. Тезисы

Докладов. Institut Fisiki Akademii Nauk Ukrainskoi SSR, Kiew 1971.

[Z 23] MASUDA, K.; SILVER, M. (Eds.): Energy and Charge Transfer in Organic Semiconductors. Proceedings of the US — Japan Seminar on Energy and Charge Transfer in Organic Semiconductors, held at Osaka, Japan, August, 6—9, 1973. Plenum Press, New York and London 1974.

[Z 24] MEIER, H.: Organic Semiconductors. Dark- and Photoconductivity of Organic Solids. Verlag Chemie, Weinheim 1974 (Monographs in Modern Chemistry, Vol. 2, Ed.: EBEL, H. F.).

[Z 25] PIGOŃ, K. (Ed.): Electrical Properties of Organic Solids. Summer School Karpacz, Poland, September 1—7, 1974. Wroclaw 1974 (Prace Naukowe Instytutu Chemii Organicznej i Fizycznej Politechniki Wroclawskiej Nr. 7, Seria Konferencje 1).

[Z 26] EHLER, J. (Ed.): One-dimensional conductors. Springer-Verlag, Berlin—Göttingen—Heidelberg 1975.

[Z 27] KELLER, H. J. (Ed.): Low-dimensional cooperative phenomena. The possibility of high-temperature superconductivity. Plenum Press, New York and London 1975.

[Z 28] SCHUSTER, H. G. (Ed.): One-dimensional conductors. German Physical Society Summer School. Springer-Verlag, Berlin—Heidelberg—New York 1975 (EHLERS, J.; HEPP, K.; WEIDENMÜLLER, H. A. (Eds.): Lecture Notes in Physics, Vol. 34).

[Z 29] GINSBURG, W. L.; KIRSHNIZ, D. A. (Гинзбург, В. Л.; Киржниц, Д. А.): Проблема высокотемпературной сверхпроводимости. Verlag Nauka, Moskau 1977.

[Z 30] SILINSCH, E. A. (Силиньш, Э. А.): Электронные состояния органи ческих молекуларных кристаллов. Zinatne, Riga 1977.

[Z 31] PÁL, L.; GRÜNER, G.; JÁNOSSY, A.; SÓLYOM, J. (Eds.): Organic Conductors and Semiconductors. Akadémiai Kiadó, Budapest, and Springer-Verlag, Berlin—Heidelberg—New York 1977.

[Z 32] SWORAKOWSKI, J. (Ed.): Electrical and related properties of organic solids. This issue contains the Papers submitted for the International Conference, held on 18.—23. September 1978 in Karpacz, Poland. Wroclaw 1978

(Scientific Papers of the Institute of Organic and Physical Chemistry of Wroclaw Technical University Nr. 16, Conferences, Nr. 3) Wydawnictwo Politechniki Wroclawskiej, Wroclaw 1978.

[Z 33] HAMANN, C., Autorenkollektiv: Organische Festkörper und Organische Dünne Schichten. Akademische Verlagsgesellschaft Geest & Portig KG., Leipzig 1978 (Technisch-Physikalische Monographien, Bd. 35, Hrsg.: GÖRLICH, P., und SCHNEIDER, H. G.).

[Z 34] KRYSZEWSKI, M.: Polymeric semiconductors. Warsaw (Warschau) 1979 (im Druck).

## 13.3. *Zusatzliteratur: Ausgewählte Übersichtsartikel*

JUSTER, N. J.: J. chem. Educat. **40** (1963) 547.

HAMANN, C.: physica status solidi **12** (1965), 483.

RIEHL, N.: Festkörperprobleme IV (Hrsg.: F. SAUTER). Akademie-Verlag, Berlin 1965, S. 45.

MEIER, H.: Angew. Chem. (Internat. Ed.) **4** (1965) 619.

ELEY, D. D.: Electronic Components **9** (1968) 1145.

BÜCKER, W.: Elektronik-Anzeiger **1** (1969) 69.

SHARP, J. H.; SMITH, M.: Physic. Chem. (New York) **10** (1970) 435.

SČEGOLEV, I. F.: physica status solidi (a) **12** (1972) 9.

HAMANN, C.: Wiss. Z. Techn. Hochschule Karl-Marx-Stadt **15** (1973) 107.

MEIER, H.: Chimia **27** (1973) 263.

KARL, N.: Festkörperprobleme/Advances in Solid State Physics XIV (Hrsg.: H. J. QUEISSER). Pergamon Press/Friedrich Vieweg & Sohn Verlagsgesellschaft m. b. H., Braunschweig 1975, S. 261.

HAMANN, C.: Kristall u. Technik **12** (1977) 651.

HAMANN, C.; HEIM, J.: Reinststoffprobleme, Bd. V, Akademie-Verlag, Berlin 1977, S. 113.

PERLSTEIN, J. H.: Angew. Chem. **89** (1977) 534.

WEGER, M.: Europhysics News I.A. **9** (1978) (No. 7/8) 7.

## 14. Internationale Konferenzen über Organische Halbleiter und Organische Supraleiter

1959 New Jersey (USA)
Conference on Semiconduction in Molecular Solids [Z 3]

1960 New York (USA), April
Duke Conference on Electronic Conductivity in Organic Solids [Z 6]

1961 Chicago (USA), 17.–18. April
Inter-Industry Conference on Organic Semiconductors [Z 7]

1967 Prag (CSSR), 30. November–4. Dezember
RGW-Fachtagung auf dem Gebiet der organischen Halbleiter

1969 Honolulu (Hawaii), 5.–9. September
International Conference on Organic Superconductors [Z 21]

1971 Kiew (UdSSR), 13.–17. Dezember
III. Allunionskonferenz über Organische Halbleiter [Z 22]

1973 Osaka (Japan), 6.–9. August
US – Japan Seminar on Energy and Charge Transfer in Organic Semiconductors [Z 23]

1974 Saarbrücken (BRD), 10.–12. Juli
One-dimensional Conductors [Z 28]

1974 Karpacz (Polen), 1.–7. September
Summer School Electrical Properties of Organic Solids [Z 25]

1974 Starnberg/Obb. (BRD), 3.–13. September
NATO Advanced Study Institute on Low-dimensional Phenomena and the Possibility of Superconductivity [Z 27]

1976 Bozen (Italien), August
NATO Advanced Study Institute (Eindimensionale Metalle)

1976 Siofok (Ungarn), 30. August–3. September
International Conference on Organic Conductors and Semiconductors

1978 Dubrovnik (Jugoslawien), 4.–8. September
International Conference on Quasi One-dimensional Conductors

1978 Karpacz (Polen), 18.–23. September
Second Conference Electrical and Related Properties of Organic Solids [Z 31]

# 15. Sachverzeichnis